彩插 1

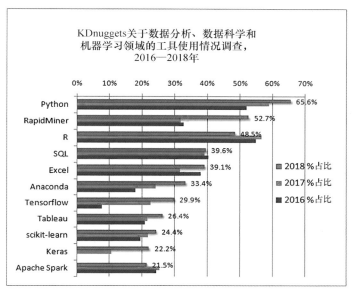

图1-6

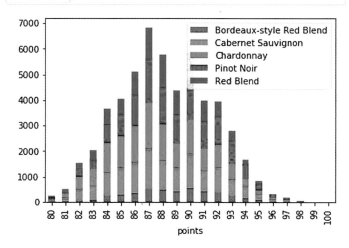

图11-8

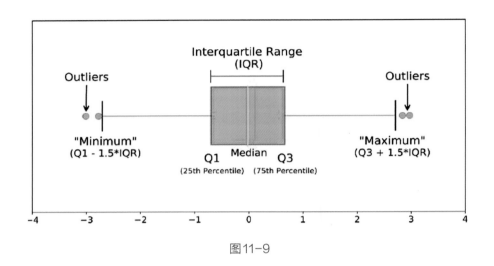

图11-9

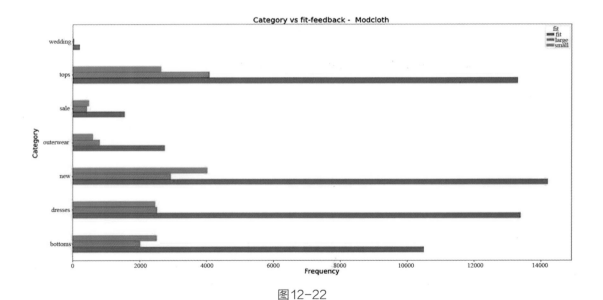

图12-22

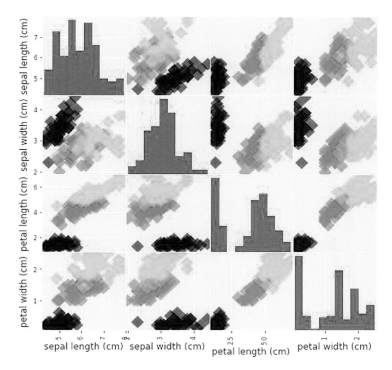

图13-8

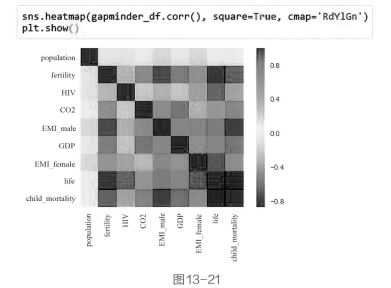

图13-21

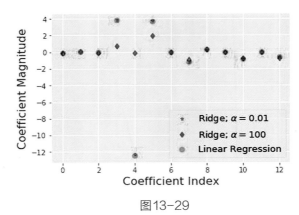

图13-29

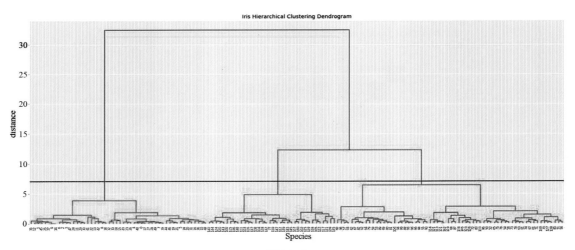

图14-8

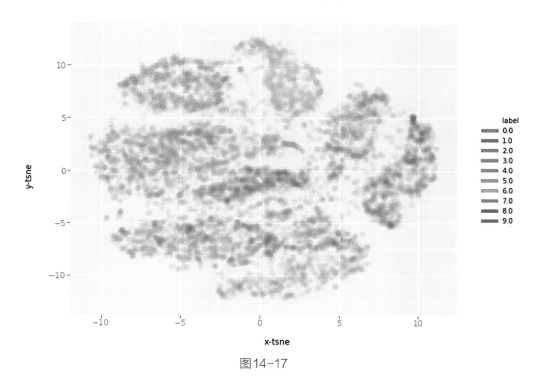

图14-17

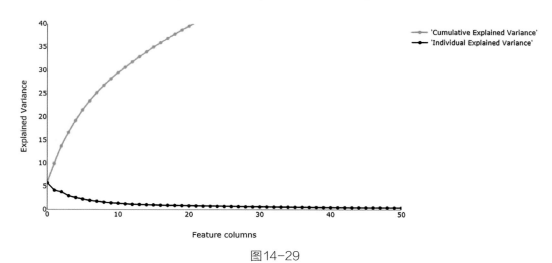

图14-29

  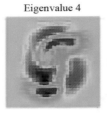 

图14-32

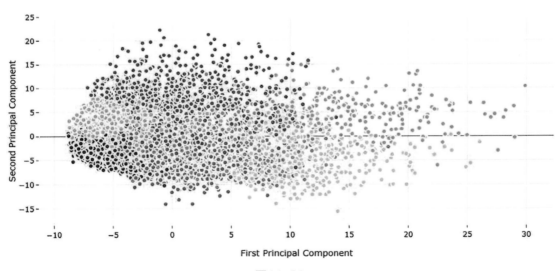

图14-36

```python
# Set data frequency to business daily
google = google_df.asfreq('B')

# Create 'lagged' and 'shifted'
google['lagged'] = google.Close.shift(periods=-90)
google['shifted'] = google.Close.shift(periods=90)

# Plot the google price series
google.plot()
plt.show()
```

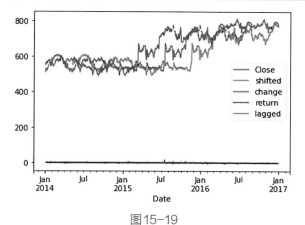

图15-19

```python
normalized = price_df.div(price_df.iloc[0])
normalized.plot(title='Stocks Normalized Price')
plt.show()
```

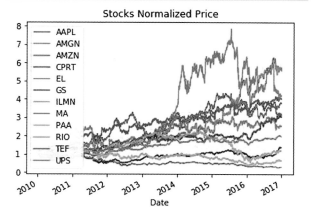

图15-22

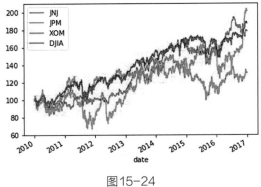

图15-24

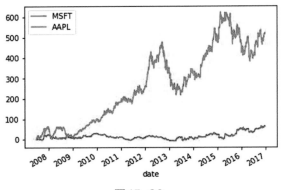

图15-26

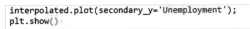

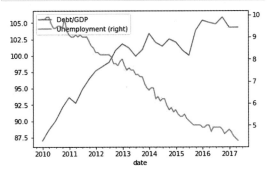

图15-31

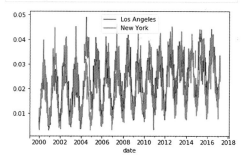

图15-33

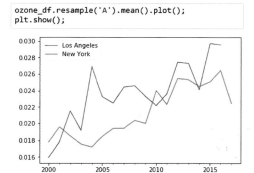

图15-34

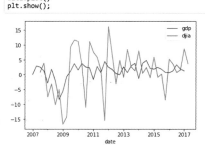

图15-36

```
# Import data
sp500 = pd.read_csv('E:/pg/bpb/BPB-Publications/Datasets/timeseries/stock_data/sp500.csv',
                    parse_dates=['date'], index_col='date')

# Calculate daily returns here
daily_returns = sp500.squeeze().pct_change()

# Resample and calculate statistics
stats = daily_returns.resample('M').agg(['mean', 'median', 'std'])

stats.plot()
plt.show()
```

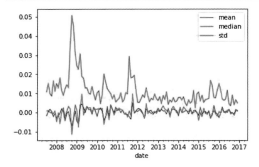

图15-37

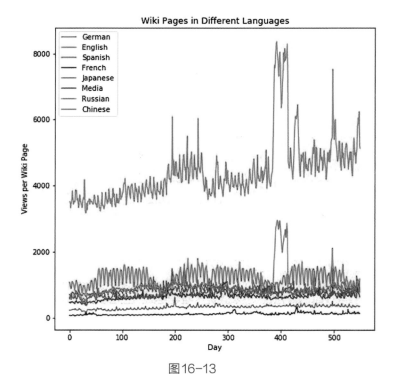

图16-13

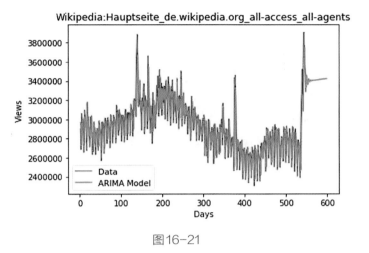

图16-21

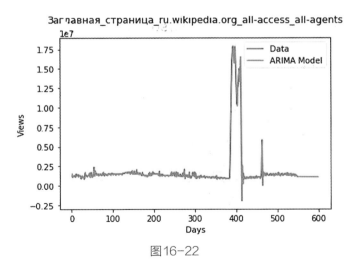

图16-22

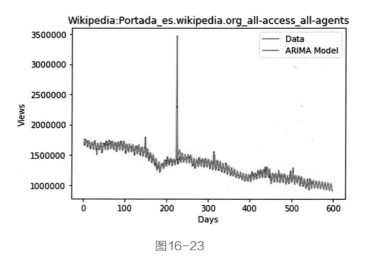

图16-23

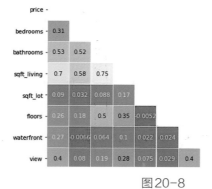

图20-8

Jupyter
数据科学实战

Data Science with Jupyter

[印度] 普拉泰克·古普塔（Prateek Gupta） 著
王珮瑶 译

人民邮电出版社

北京

图书在版编目（CIP）数据

Jupyter数据科学实战 /（印）普拉泰克·古普塔
(Prateek Gupta) 著；王珮瑶译. -- 北京：人民邮电
出版社，2020.11
　ISBN 978-7-115-54439-1

Ⅰ.①J… Ⅱ.①普… ②王… Ⅲ.①软件工具－程序
设计 Ⅳ.①TP311.561

中国版本图书馆CIP数据核字(2020)第129889号

版权声明

Data Science with Jupyter (9789388511377)

Original edition published by BPB Publications. Copyright © 2019 by BPB Publications. Simplified Chinese-language edition copyright © 2020 by POSTS & TELECOM PRESS. All rights reserved.

本书中文简体字版由印度BPB Publications授权人民邮电出版社有限公司出版。未经出版者书面许可，对本书任何部分不得以任何方式复制或抄袭。

版权所有，侵权必究。

◆ 著　　［印］普拉泰克·古普塔（Prateek Gupta）
　译　　王珮瑶
　　责任编辑　陈聪聪
　　责任印制　王　郁　焦志炜

◆ 人民邮电出版社出版发行　北京市丰台区成寿寺路11号
　邮编　100164　电子邮件　315@ptpress.com.cn
　网址　https://www.ptpress.com.cn
　北京鑫正大印刷有限公司印刷

◆ 开本：800×1000　1/16
　印张：17　　　　　　　　　彩插：6
　字数：349千字　　　　　　2020年11月第1版
　印数：1－2 000册　　　　　2020年11月北京第1次印刷

著作权合同登记号　图字：01-2019-4798号

定价：79.00元
读者服务热线：(010)81055410　印装质量热线：(010)81055316
反盗版热线：(010)81055315
广告经营许可证：京东市监广登字20170147号

内容提要

本书旨在成为读者进入数据科学领域的指南。全书共 20 章，涵盖了数据科学及其应用的各个方面，引入经典数据集将理论与实践相结合，采用 Jupyter 等工具，以 Python 语言由浅入深地介绍了数据科学及相关学科的基本概念、数据预处理、机器学习及时间序列等内容，并提供了不同的案例研究，以达到学以致用的效果。通过阅读本书，读者将获得成为一名数据科学家所需的基本知识和技能。

本书适合有 Python 或其他编程语言基础，并对数据科学感兴趣的人员阅读。

作者简介

普拉泰克·古普塔（Prateek Gupta）是一位有着超过6年工作经验的数据科学专业人士，曾在HCL、Zensar和Sapient等多家跨国IT公司就职，其专业领域主要是寻找模式、运用先进统计方法和算法揭示隐藏的规律，力争最大限度地提高企业收入和营利能力，并确保高效的运营管理。

他是一位具有主观能动性并且在电子商务领域颇有建树的忠实数据爱好者，还凭借自己在商品自动分类、情感分析、客户细分和推荐引擎方面的机器学习专业知识帮助了NTUC Singapore和Times Group India等多个客户。他秉持着这一理念："当天才放弃努力时，勤奋将超越天赋"。

他感兴趣的是有关机器学习和自然语言处理在各个行业的应用的前沿研究领域。闲暇时，他喜欢通过自己的博客分享知识，并激励年轻人进入令人兴奋的数据科学世界。

译者简介

王珮瑶，研究生毕业于法国里昂高等商学院，获得高等商校文凭。目前从事流程机器人（Robotic Process Automation，RPA）专业技术工作，是国内较早接触RPA并将其落地的人士之一。具有私募风险投资研究经验，深入研究金融、投资和代码，对人工智能及大数据非常感兴趣。

致谢

我要感谢一些杰出的知识分享者——杰森·布朗利（Jason Brownlee）博士、雨果·鲍恩·安德森（Hugo Bowne-Anderson）和菲利普·舒文纳斯（Filip Schouwenaars）。我向他们学习到了很多知识，并且一直在向他们请教。我也要感谢开放数据科学社区 Kaggle 和各种数据科学博客的作者，多亏了他们才让每个人都有机会获得数据科学和机器学习的知识。

我还要感谢我的父母、我的妻子普拉吉亚（Pragya）和我的兄弟阿努巴夫（Anubhav），感谢他们在这本书的写作中给予了我极大的支持。

非常感谢 BPB 出版社使本书最终的出版成为可能：曼尼斯·贾恩（Manish Jain）、内里普·贾恩（Nrip Jain）、瓦伦·贾恩（Varun Jain）和其他工作人员。

最后，我还要感谢维奈·阿格卡（Vinay Argekar），他担任了本书的组稿编辑、内容审查和技术编辑，他为本书的内容改进做出了重要贡献。

前言

如今，数据科学已经成为每个组织中不可或缺的一部分，并且雇主愿意支付高薪聘请这方面的专业技术人才。行业的需求快速变化，数据不断增长和演变，从而增加了业内对数据科学家的需求。然而，一直困扰着每一家公司的问题是，是否有充足的高技能人才能够进行分析？能够获得多少数据？数据从何而来？分析技术的进步如何为企业提供更深入的见解？通过阅读本书，读者一定能够进一步了解上述情况。

在任何领域要成为专家，每个人都必须从一个切入点开始学习。在本书设计之初就考虑到了这一点，以便作为读者在数据科学领域的起点。当我在这个领域开始职业生涯的时候，几乎不能找到一本可以用来学习数据科学概念、练习案例并在面临类似问题时复习。我很快意识到数据科学是一个非常广阔的领域，把所有知识都放在一本篇幅较短的书里是不可能的。因此，我决定在这本书里传授我的经验，在这里读者将获得成为一名数据科学家所需的基本知识和技能，而不用浪费宝贵的时间去寻找分散在互联网上的材料。

本书的各个章节前后照应，自然衔接。第1章介绍数据和各种现代数据科学技能。第2章介绍如何安装并配置工具，以帮助读者练习本书中讨论的例子。第3章~第6章介绍Python中所有类型的数据结构，它们将用于日常数据科学工作。第7章介绍与数据库交互的方法。第8章介绍数据分析中常用的统计概念。第9章介绍通过学习如何读取、加载和理解Jupyter笔记本中用于分析的不同类型的数据，读者开始了成为一名数据科学家的旅程。第10章和第11章指导读者完成不同的数据清理和可视化技术。

从第12章开始，结合从前几章中获得的知识来对真实用例进行数据预处理。第13章和第14章介绍监督式和无监督式的机器学习问题以及如何解决它们。第15章和第16章涵盖时间序列数据，并介绍如何处理这些数据。在关键概念介绍完毕之后，第17章~第20章中包括了4个不同的案例研究，在其中应用学习到的所有知识，并练习解决现实世界中的问题。

本书是我借助 Python 简略地介绍数据科学基本原理的一本书，它节省了读者花费在理论上的时间以便能够专注于实际案例。这些练习案例包括真实的数据集和问题，使读者有信心解决类似或相关的数据问题。我希望读者充分利用这本书的价值，它使读者能够在很短的时间内扩展其作为一位实践者的数据科学知识。

资源与支持

本书由异步社区出品,社区(https://www.epubit.com/)为读者提供相关资源和后续服务。

配套资源

本书提供如下资源:

- 本书配套资源请到异步社区本书购买页处下载。

要获得以上配套资源,请在异步社区本书页面中点击 配套资源 ,跳转到下载界面,按提示进行操作即可。注意:为保证购书读者的权益,该操作会给出相关提示,要求输入提取码进行验证。

提交勘误

作者和编辑尽最大努力来确保书中内容的准确性,但难免会存在疏漏。欢迎读者将发现的问题反馈给我们,帮助我们提升图书的质量。

当读者发现错误时,请登录异步社区,按书名搜索,进入本书页面,点击"提交勘误",输入勘误信息,单击"提交"按钮即可。本书的作者和编辑会对读者提交的勘误进行审核,确认并接受后,读者将获赠异步社区的 100 积分。积分可用于在异步社区兑换优惠券、样书或奖品。

扫码关注本书

扫描下方二维码，读者将会在异步社区微信服务号中看到本书信息及相关的服务提示。

与我们联系

我们的联系邮箱是contact@epubit.com.cn。

如果读者对本书有任何疑问或建议，请读者发邮件给我们，并请在邮件标题中注明本书书名，以便我们更高效地做出反馈。

如果读者有兴趣出版图书、录制教学视频，或者参与图书翻译、技术审校等工作，可以发邮件给我们；有意出版图书的作者也可以到异步社区在线提交投稿（直接访问www.epubit.com/selfpublish/submission即可）。

如果读者是学校、培训机构或企业，想批量购买本书或异步社区出版的其他图书，也可以发邮件给我们。

如果读者在网上发现有针对异步社区出品图书的各种形式的盗版行为，包括对图书全部或部分内容的非授权传播，请读者将怀疑有侵权行为的链接发邮件给我们。读者的这一举动是对作者权益的保护，也是我们持续为读者提供有价值的内容的动力之源。

关于异步社区和异步图书

"异步社区"是人民邮电出版社旗下IT专业图书社区，致力于出版精品IT技术图书和相关学习产品，为作译者提供优质出版服务。异步社区创办于2015年8月，提供大量精品IT技术图书和电子书，以及高品质技术文章和视频课程。更多详情请访问异步社区官网https://www.epubit.com。

"异步图书"是由异步社区编辑团队策划出版的精品IT专业图书的品牌，依托于人民邮电出版社近30年的计算机图书出版积累和专业编辑团队，相关图书在封面上印有异步图书的LOGO。异步图书的出版领域包括软件开发、大数据、AI、测试、前端、网络技术等。

异步社区

微信服务号

目录

第1章 数据科学基本概念 ·· 1

    1.1 数据的概念 ·· 2
        1.1.1 结构化数据 ·· 2
        1.1.2 非结构化数据 ·· 2
        1.1.3 半结构化数据 ·· 3
    1.2 数据科学的定义 ·· 3
    1.3 数据科学家的工作 ·· 4
    1.4 数据科学应用实例 ·· 5
    1.5 为何Python适合数据科学 ·· 6
    1.6 小结 ·· 7

第2章 软件安装与配置 ·· 8

    2.1 系统要求 ·· 9
    2.2 下载Anaconda ··· 9
    2.3 在Windows系统上安装Anaconda ·································· 10
    2.4 在Linux系统上安装Anaconda ····································· 11
    2.5 如何在Anaconda中安装新的Python库 ······························ 13
    2.6 打开笔记本——Jupyter ·· 14
    2.7 了解笔记本 ·· 15
    2.8 小结 ·· 19

第3章 列表与字典 … 20

3.1 什么是列表 … 21
3.2 如何创建列表 … 21
3.3 列表的不同操作 … 22
3.4 列表与数组的差异 … 25
3.5 什么是字典 … 26
3.6 如何创建字典 … 26
3.7 字典的相关操作 … 26
3.8 小结 … 28

第4章 函数与包 … 29

4.1 Python 的 Help() 函数 … 30
4.2 如何导入 Python 包 … 30
4.3 如何创建并调用函数 … 31
4.4 在函数中传递参数 … 31
4.5 函数的默认参数 … 32
4.6 如何在函数中使用未知参数 … 32
4.7 函数的全局与本地变量 … 33
4.8 Lambda 函数 … 35
4.9 了解 Python 中的 main 方法 … 35
4.10 小结 … 38

第5章 NumPy 基本概念 … 39

5.1 导入 NumPy 包 … 39
5.2 为何 NumPy 数组优于列表 … 40
5.3 NumPy 数组属性 … 41
5.4 创建 NumPy 数组 … 41
5.5 访问 NumPy 数组中的元素 … 43
5.6 NumPy 数组的切片 … 44
5.7 数组连接 … 46
5.8 小结 … 47

第 6 章　Pandas 和数据帧 · 48

- 6.1　导入 Pandas · 48
- 6.2　Pandas 数据结构 · 49
- 6.3　.loc[] 和 .iloc[] · 54
- 6.4　一些有用的数据帧函数 · 55
- 6.5　处理数据帧中的缺失值 · 57
- 6.6　小结 · 60

第 7 章　与数据库交互 · 61

- 7.1　SQLAlchemy · 62
- 7.2　安装 SQLAlchemy 包 · 62
- 7.3　如何使用 SQLAlchemy · 63
- 7.4　SQLAlchemy 引擎配置 · 64
- 7.5　在数据库中新建表 · 65
- 7.6　在表中插入数据 · 66
- 7.7　更新记录 · 67
- 7.8　如何合并表格 · 68
  - 7.8.1　内连接 · 68
  - 7.8.2　左连接 · 69
  - 7.8.3　右连接 · 70
- 7.9　小结 · 70

第 8 章　数据科学中的统计思维 · 71

- 8.1　数据科学中的统计学 · 72
- 8.2　统计数据/变量的类型 · 72
- 8.3　平均数、中位数和众数 · 73
- 8.4　概率的基本概念 · 74
- 8.5　统计分布 · 75
- 8.6　Pearson 相关系数 · 77
- 8.7　概率密度函数 · 78
- 8.8　真实案例 · 79

8.9　统计推断与假设检验 ··················· 79
8.10　小结 ································· 86

第9章　如何在Python中导入数据 ·········· 87

9.1　导入TXT数据 ························· 88
9.2　导入CSV数据 ························· 89
9.3　导入Excel数据 ························ 90
9.4　导入JSON数据 ······················· 90
9.5　导入腌制数据 ························· 91
9.6　导入压缩数据 ························· 91
9.7　小结 ································· 92

第10章　清洗导入的数据 ·················· 93

10.1　了解数据 ····························· 94
10.2　分析缺失值 ··························· 95
10.3　丢弃缺失值 ··························· 97
10.4　自动填充缺失值 ······················· 98
10.5　如何缩放和归一化数据 ················· 99
10.6　如何解析日期 ························ 102
10.7　如何应用字符编码 ···················· 104
10.8　清洗不一致的数据 ···················· 105
10.9　小结 ································ 106

第11章　数据可视化 ···················· 107

11.1　条形图 ······························ 108
11.2　折线图 ······························ 109
11.3　直方图 ······························ 110
11.4　散点图 ······························ 111
11.5　堆积图 ······························ 111
11.6　箱线图 ······························ 113
11.7　小结 ································ 115

第12章 数据预处理 ··············· 116

- 12.1 关于案例研究 ··············· 116
- 12.2 导入数据集 ··············· 117
- 12.3 探索性数据分析 ··············· 118
- 12.4 数据清洗与预处理 ··············· 122
- 12.5 特征工程 ··············· 124
- 12.6 小结 ··············· 129

第13章 监督式机器学习 ··············· 130

- 13.1 常见的机器学习术语 ··············· 131
- 13.2 机器学习导论 ··············· 132
- 13.3 常用机器学习算法列述 ··············· 133
- 13.4 监督式机器学习基础 ··············· 134
- 13.5 解决分类机器学习问题 ··············· 136
- 13.6 为何要进行训练/测试拆分和交叉验证 ··············· 140
- 13.7 解决回归机器学习问题 ··············· 144
- 13.8 如何调整机器学习模型 ··············· 152
- 13.9 如何处理sklearn中的分类变量 ··············· 154
- 13.10 处理缺失数据的高级技术 ··············· 155
- 13.11 小结 ··············· 158

第14章 无监督式机器学习 ··············· 159

- 14.1 为何选择无监督式机器学习 ··············· 160
- 14.2 无监督式机器学习技术 ··············· 160
  - 14.2.1 聚类 ··············· 161
  - 14.2.2 主成分分析 ··············· 169
- 14.3 案例研究 ··············· 172
- 14.4 验证无监督式机器学习 ··············· 178
- 14.5 小结 ··············· 179

第15章　处理时间序列数据 … 180

15.1　为何时间序列重要 … 181
15.2　如何处理日期和时间 … 181
15.3　转换时间序列数据 … 184
15.4　操作时间序列数据 … 187
15.5　比较时间序列的增长率 … 189
15.6　如何改变时间序列频率 … 192
15.7　小结 … 198

第16章　时间序列法 … 199

16.1　时间序列预测的定义 … 200
16.2　预测的基本步骤 … 200
16.3　时间序列预测的技术 … 201
　　16.3.1　自回归 … 201
　　16.3.2　移动平均 … 202
　　16.3.3　自回归移动平均 … 203
　　16.3.4　自回归积分移动平均 … 203
　　16.3.5　季节性自回归积分移动平均 … 204
　　16.3.6　季节性自回归积分移动平均与外生回归因子 … 205
　　16.3.7　向量自回归移动平均 … 205
　　16.3.8　Holt-Winters指数平滑 … 206
16.4　预测网页的未来流量 … 207
16.5　小结 … 214

第17章　案例研究1 … 215

第18章　案例研究2 … 230

第19章　案例研究3 … 239

第20章　案例研究4 … 247

第1章
数据科学基本概念

约翰·埃尔德（John Elder）是美国行业经验丰富的大型分析咨询公司Elder Research的创始人。凭借对数据产业的远见卓识，约翰于1995年创办了自己的公司，当时从数据中挖掘信息还是一块充满商机的空白市场，同时也是一项21世纪高阶技能，而如今数据科学（Data Science）已无处不在。

数字时代的爆炸式增长要求专业人士不但要具备很强的技能，而且要具备适应能力和保持技术领先的热情。一项研究表明，对数据科学家及分析师的需求预计将很快超过目前市场的需求总量。据领英网显示，截至2018年8月底，美国存在超过11 000个数据科学家的职位空缺。除非情况有变，数据技能人才的缺口将会持续扩大。在本章中，读者将了解到数据的概念、数据科学家的角色和编程语言Python在数据科学中的重要性。

本章结构

- 数据的概念。
- 数据科学的定义。
- 数据科学家的工作。
- 数据科学应用实例。
- 为何Python适合数据科学？

本章主旨

通过本章的学习，读者能够了解到数据的类型、每天产生的数据量以及在目前已知的应用实例中数据科学家的必要性。

1.1 数据的概念

描述数据的方式之一是区分数据的类型,数据可分为以下3类。

1.1.1 结构化数据

可用二维表结构表现逻辑且易于处理的数据称为结构化数据,从该类数据中获取信息非常容易。例如,以由行和列组成的二维表形式存储于关系数据库(如SQL)中的数据属于结构化数据;电子表格也是一个结构化数据的范例。结构化数据约占世界上全部数据量的5%~10%。SQL数据表如图1-1所示,存有商家相关的数据。

merchant_id	merchant_name	subtitle	status	publish_date
83	Texas Chicken		1	2018-03-22 00:00:00
84	ZALORA		1	2018-03-29 00:00:00
85	Caltex		1	2018-04-02 00:00:00
86	COURTS		1	2018-04-09 00:00:00
87	Agoda		1	2018-04-07 00:00:00
88	Lerk Thai		1	2018-03-02 00:00:00
89	Peach Garden @ Gardens By the Bay		1	2018-02-16 00:00:00

图1-1 SQL数据表

1.1.2 非结构化数据

非结构化数据需要更高级的工具和软件来获取信息。图形图像、PDF文件、Word文档、视频、音频、邮件、PowerPoint演示文档、网页及其内容、维基百科、流数据和位置坐标等都属于非结构化数据。非结构化数据约占全部数据的80%。各种非结构化数据类型如图1-2所示。

图1-2 非结构化数据类型

1.1.3 半结构化数据

半结构化数据是指不规整的结构化数据。JSON（JavaScript 对象表示法）文件、BibTex 文件、.csv 文件、以制表符分隔的文本文件、XML 和其他标记语言都是互联网上半结构化数据的例子。半结构化数据约占全部数据的 5%～10%。图 1-3 是 JSON 数据的一个示例。

```
{
    "custkey": "450002",
    "useragent": {
        "devicetype": "pc",
        "experience": "browser",
        "platform": "windows"
    },
    "pagetype": "home",
    "productline": "television",
    "customerprofile": {
        "age": 20,
        "gender": "male",
        "customerinterests": [
            "movies",
            "fashion",
            "music"
        ]
    }
}
```

图 1-3　JSON 数据

1.2　数据科学的定义

众所周知，数据覆盖现代经济的各个领域。麦肯锡咨询公司在 2013 年的一份报告中预测大数据在美国医疗中的应用有望使医疗费用每年减少 3000 亿～4500 亿美元，所节省的资金相当于 2011 年美国医疗相关支出（2.6 万亿美元）基线水平的 12%～17%。但是，质量较差的数据或者非结构化数据预计将让美国每年损失高达 3.1 万亿美元[1]。

以数据驱动决策的理念越来越受欢迎。从非结构化数据中获取信息比较复杂，并且也

1　这里的数据参考：*The big-data revolution in US health care: Accelerating value and innovation*

不能简单地通过商业智能分析工具完成，因此数据科学应运而生。

数据科学是一个专注于从原始数据中提取知识和见解的跨学科领域，主要应用到数学、统计学、计算机科学和编程语言等学科，它们均为数据科学家的必备技能。找到问题的解决方案是数据科学家的职责所在，他们对此充满好奇与热情，拥有较强的自我驱动力。图1-4展示了一名现代数据科学家应具备的技能组合。

图1-4　现代数据科学家必备技能

1.3　数据科学家的工作

行业内大部分数据科学家接受过统计学、数学和计算机科学方面的高级训练，所涉猎的领域之广可延伸至数据可视化、数据挖掘和信息管理。数据科学家的首要任务是提出正确的问题——目的是揭示隐藏在数据中的真相，以此帮助企业做出更明智的商业决策。

数据科学家的工作并不局限于某一特定领域。除科学研究之外，他们还就职于航运、医疗保健、电子商务、航空、金融和教育等多个领域。他们的首项工作是理解业务问题，接着进行数据收集、数据读取、数据格式转换、数据可视化、建模、模型评估，最后部署使用。数据科学家的工作周期如图1-5所示。

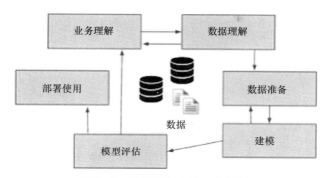

图1-5 数据科学家的工作周期

数据科学家80%的工作时间用来收集、清洗和整理数据，留给数据分析的仅有余下的20%。虽然准备数据的过程非常耗时和无趣，但是正确地处理数据至关重要，因为用来构建模型的数据质量与模型的准确性密切相关。此外，模型的效果会随着数据量的增加得到提升，因此数据科学家在数据分析时应该尽可能多地增加有效数据量。

在后续章节中，读者将更加详细地了解以上所提及的成为一名数据科学家的全部必备技能。

1.4 数据科学应用实例

如果说信息是21世纪的石油，那么分析就相当于内燃机。不管是上传照片，还是发一条微博，或者发一封电子邮件，再或者在网上购物，数据科学的身影处处可见。数据科学已经被用于解决现代工作中的许多问题，可以预测和计算出曾经可能要花费人工数倍的时间来处理才能得到的结果。以下是一些现实世界中数据科学家发挥关键作用的案例。

- Google的人工智能研究团队借助数据科学家之力创建自动探测物体的最优算法。

- Amazon建立了个性化产品推荐系统。

- Santander（桑坦德）银行在数据科学家的帮助下建立了可确定每个潜在客户交易

价值的预测模型。

- 在数据科学家的协助下空中客车公司在海事领域建立模型，旨在尽可能快速地检测卫星图像中的所有船舶，增加信息含量、预测威胁、及时触发警报并提高海事效率。
- Youtube 正在应用一种基于有限内存的视频自动分类模型。
- 百度公司的数据科学家发布了全新深度学习算法，声称可以帮助病理学家更准确地识别肿瘤。
- 北美放射学会正在使用一种算法来检测医学影像中肺炎的视觉信号，该算法可自动在胸部射线照片上定位肺部阴影。
- 美洲开发银行正在使用一种将可观测家庭属性作为参数的模型，比如一户人家房屋的墙壁和天花板的材质或者其家中资产均可视为参数，以对这户人家进行分类，预测他们的需求水平。
- Netflix 利用数据科学分析观众的观影模式以了解用户兴趣的驱动因素，凭此决定所要原创的作品类型。

1.5　为何Python适合数据科学

　　Python 对初学者很友好，它的语法（用词和结构）非常简单易懂，即使是对编程一无所知的人也可以理解大部分语句。Python 是一种多范式编程语言，被称为"代码世界的瑞士军刀"，支持面向对象编程、结构化编程和函数式编程等。在 Python 社区流传着一个笑话："Python 是世界第二通用语言"。

　　Python 是免费的开源软件，因此任何人都可以编写库来扩展它的功能。数据科学是这些第三方扩展库的早期受益者，尤其受益于其中的翘楚——Pandas 库。

　　Python 本身的易读性和简便性使它相对容易上手，其目前可用的数据分析库的数量庞大，意味着绝大多数领域的数据科学家能免费下载到符合他们需求的工具包。

　　KDnuggets 是一个在商务分析、大数据、数据挖掘、数据科学和机器学习领域非常著名的科技信息服务网站，它的一项调查清晰地表明 Python 是数据科学/机器学习的首选语言，如图 1-6 所示。

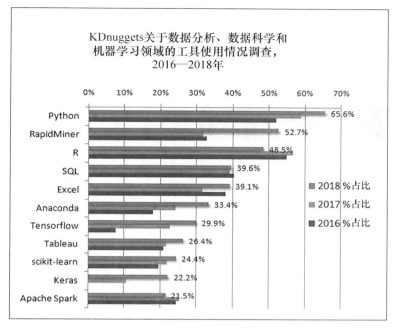

图1-6　KDnuggets调查

1.6　小结

很多人认为成为数据科学家是一件很困难的事情,但是实际上并没有想象得那么难。

不论何种背景,只要热爱探索世界,对机器学习着迷,就能进入数据科学的天地。本书会督促读者不断地学习、提高和掌握数据科学的技能,但是有件事情读者得坚持不懈,那就是学习—应用—反复练习。

第2章将正式开启此次数据科学之旅。

第 2 章
软件安装与配置

第 1 章已经介绍了数据科学的基本概念,现在开始为数据科学准备系统环境。本章将讲解时下流行的 Python 数据科学平台——Anaconda。有了这个平台就不需要额外安装 Python 了,仅需在 Windows、macOS 或者 Linux 系统上一次性安装就可以使用这个行业标准级平台进行开发、测试和练习。

本章结构

- 系统要求。

- 下载 Anaconda。

- 在 Windows 系统上安装 Anaconda。

- 在 Linux 系统上安装 Anaconda。

- 如何在 Anaconda 中安装新的 Python 库。

- 打开笔记本——Jupyter。

- 了解笔记本。

本章主旨

在学习本章后,读者能够成功地在系统上安装 Anaconda 并使用 Jupyter 笔记本,同时也会在笔记本中运行首个 Python 程序。

2.1 系统要求

- 系统架构：Windows 或者 Linux 操作系统、64 位 x86 或 32 位 x86、Power8 或 Power9 处理器。
- 操作系统：Windows Vista 及以上版本、64 位 macOS 10.10+ 版本或者包括 Ubuntu、RedHat、CentOS 6+ 版本的 Linux 系统。
- 至少 3GB 的硬盘空间用于下载和安装。

2.2 下载 Anaconda

下载 Anaconda Distribution，在进入官网后，页面如图 2-1 所示。

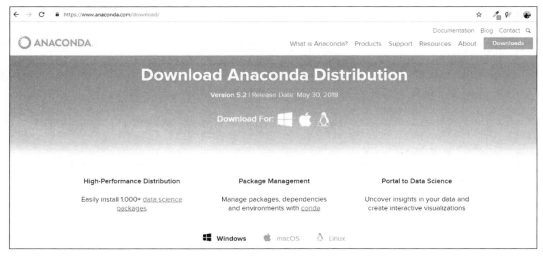

图 2-1 下载 Anaconda Distribution

Anaconda Distribution 有适用于不同操作系统的产品版本可供选择——Windows、macOS 和 Linux。请根据自己的操作系统选择适用的版本，然后针对每个操作系统还有两个相对稳定的 Python 版本可以下载——3.6 版本和 2.7 版本。作为示例，在图 2-1 展示的页面上选择 Windows 操作系统，然后页面提示有两个 Python 版本选项，如图 2-2 所示。

图2-2　Python版本选择

本书将使用Python 3.6版本，因此推荐下载该版本。要下载程序包，参见Download按钮正下方的两个链接，其内容分别为64位或32位系统架构类型的图形界面安装程序（Graphical Installer）；单击适用的链接开始下载。macOS和Linux的下载过程与之类似，不再赘述。

2.3　在Windows系统上安装Anaconda

（1）下载完成后，双击启动安装程序（推荐以管理员身份运行安装程序）。

（2）单击Next按钮，然后接受条款，选择用户为Just Me（仅限本人）或者All Users（所有用户），再次单击Next按钮。

（3）将Anaconda安装于默认目标文件夹或者添加自定义位置，复制此路径以备后续使用，然后单击Next按钮。

提示：用以安装Anaconda的目录路径中请勿包含空格和Unicode字符。

（4）取消勾选第一个选项（如果已勾选）——Add Anaconda to my PATH environment variable（添加Anaconda到我的PATH环境变量），然后单击Install按钮，等待安装完成。

（5）单击Next→Skip→Finish按钮。

（6）现在打开计算机的高级系统设置，将以下两个值添加到PATH环境变量中。

- C:\Users\prateek\Anaconda3。

- C:\Users\prateek\Anaconda3\Scripts。

提示：请将C:\Users\prateek\Anaconda3替换为之前复制的Anaconda安装文件夹的实际路径。

（7）保存设置后重启计算机。

（8）通过单击任务栏中的Windows图标或简单地在搜索栏键入Anaconda来验证安装结果——若成功安装，则可以看到Anaconda Navigator选项，单击此选项后将出现如图2-3所示的界面。

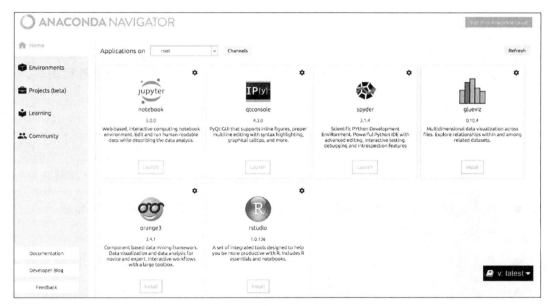

图2-3　启动Anaconda Navigator

提示：在macOS中使用图形界面安装程序安装Anaconda的步骤与在Windows上的步骤一样。

2.4　在Linux系统上安装Anaconda

在下载完64位（或x86）的安装包后，运行以下两个命令检查数据完整性。

- Md5sum/path/filename。

- Sha256sum/path/filename。

提示：将/path/filename替换成下载文件的实际存放路径和文件名。

请输入图2-4中的语句来安装Python 3.6版本的Anaconda，只需将～/Downloads/替换成下载文件的实际存放路径即可。

```
bash ~/Downloads/Anaconda3-5.2.0-Linux-x86_64.sh
```

图2-4　安装语句

- 除非需要Root（根）权限，否则选择"Install Anaconda as a user"。
- 安装程序提示"In order to continue the installation process, please review the license agreement"（请浏览许可证协议以便继续安装），按下回车键以查看许可条款。
- 滚动至许可条款界面的底部，选择Yes表示同意。
- 安装程序提示，按下回车键接受默认安装位置，按下Ctrl+C组合键则取消安装或者指定其他安装目录。如果选择接受默认安装位置，那么安装程序会显示"PREFIX=/home/<user>/anaconda<3>"并继续安装。安装过程大约要花费几分钟。
- 当安装程序询问是否希望安装程序将Anaconda<3>安装路径添加到/home/<user>/.bashrc文件的PATH环境变量中时，请选择Yes。
- 如果选择No，则需要手动添加Anaconda路径；否则Anaconda将无法正常运行。
- 安装程序支持Microsoft VS代码并询问是否要安装VS代码，此时有两个选择（Yes或者No）。若选择Yes，则参照屏幕上的指示完成VS代码的安装。
- 使用Anaconda安装程序安装VS代码需要连接网络。脱机用户可以从Microsoft官网上找到脱机版VS代码安装包。
- 安装结束时会提示"Thank you for installing Anaconda<3>!"。
- 重启终端窗口或者键入命令`source~/.bashrc`以使安装生效。
- 当安装完成后，通过能否打开Anaconda Navigator来验证安装结果，这是一个包含在Anaconda中的程序：打开终端窗口并键入`anaconda-navigator`，如果Anaconda Navigator启动了，则证明已成功安装Anaconda。

2.5 如何在Anaconda中安装新的Python库

大部分Python库/包已经被预装在Anaconda Distribution中了，可以通过在Anaconda Prompt中输入命令`conda list`来验证，如图2-5所示。

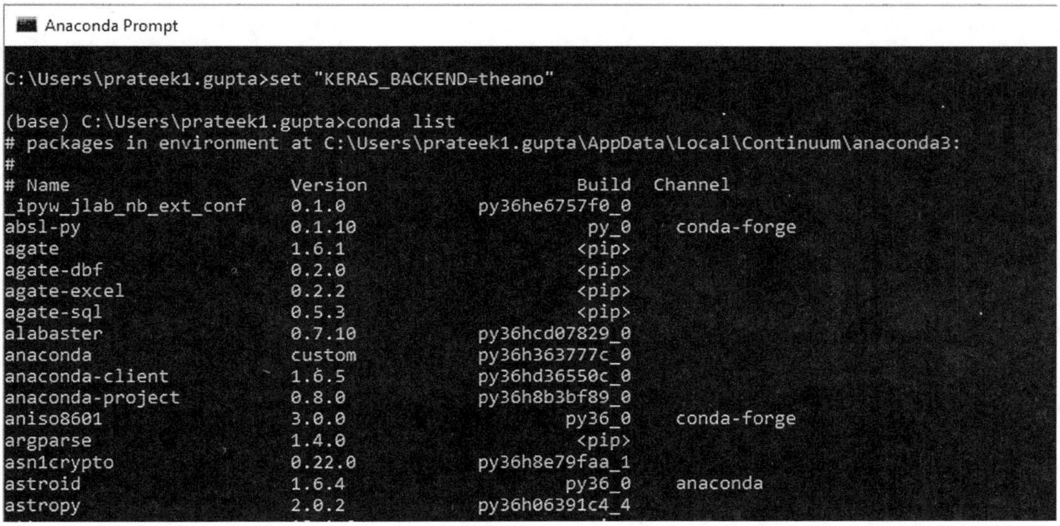

```
Anaconda Prompt

C:\Users\prateek1.gupta>set "KERAS_BACKEND=theano"

(base) C:\Users\prateek1.gupta>conda list
# packages in environment at C:\Users\prateek1.gupta\AppData\Local\Continuum\anaconda3:
#
# Name                    Version                   Build  Channel
_ipyw_jlab_nb_ext_conf    0.1.0            py36he6757f0_0
absl-py                   0.1.10                   py_0    conda-forge
agate                     1.6.1                   <pip>
agate-dbf                 0.2.0                   <pip>
agate-excel               0.2.2                   <pip>
agate-sql                 0.5.3                   <pip>
alabaster                 0.7.10           py36hcd07829_0
anaconda                  custom           py36h363777c_0
anaconda-client           1.6.5            py36hd36550c_0
anaconda-project          0.8.0            py36h8b3bf89_0
aniso8601                 3.0.0                   py36_0    conda-forge
argparse                  1.4.0                   <pip>
asn1crypto                0.22.0           py36h8e79faa_1
astroid                   1.6.4                   py36_0    anaconda
astropy                   2.0.2            py36h06391c4_4
```

图2-5 已预装的Python库/包

如果需要安装的Python包不在图2-5的列表之中，请执行以下步骤。

（1）在同一个Anaconda Prompt终端上，输入`conda install <库名称>`；比如，若要安装scipy包，仅需键入`conda install scipy`，然后按下回车键，并输入`y`即可。

（2）另一种在Anaconda中安装新工具包的推荐方式是，首先在Google中搜索（`conda install <库名称>`），然后前往第一个搜索结果。

- 在Google中搜索工具包的名称。比如要搜索imageio包，那么就在搜索栏中输入`conda install imageio`。
- 前往第一个搜索结果，单击链接打开Anaconda官网，页面上显示着目标工具包的安装程序。本示例的第一个搜索结果为https://anaconda.org/menpo/imageio。
- 现在请将“To install this package with conda run:”下方的文本复制粘贴在

Anaconda Prompt 中。在本示例中,需要复制粘贴的文本是 `conda install-c menpo imageio`。

2.6 打开笔记本——Jupyter

安装 Anaconda 后的下一步是打开笔记本(Notebook)——一个开源的网页应用程序,允许用户创建和共享包含实时代码、方程式、可视化内容和叙述性文本的文档。它有两种启动方式:一种是启动 Anaconda Navigator,然后单击 Jupyter Notebook 图标下的 Launch 按钮;另一种是在 Windows 的搜索栏中输入 Jupyter Notebook,然后选中程序,如图 2-6 所示。

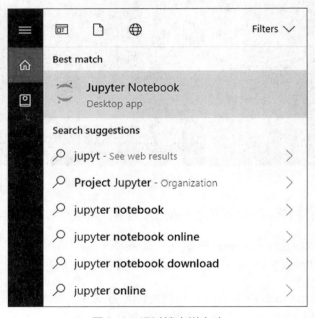

图 2-6 通过搜索栏启动

单击程序后,跳出一个显示着笔记本页面的浏览器窗口(默认为 IE),如图 2-7 所示。

图2-7　笔记本页面

2.7　了解笔记本

在浏览器中打开笔记本后，单击下拉按钮New，然后选择默认的首个选项——Python 3，如图2-8所示。

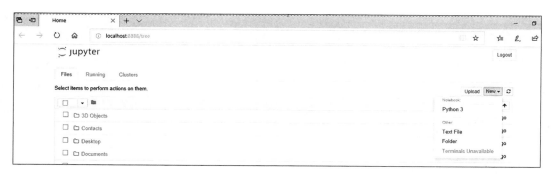

图2-8　下拉按钮New

单击选项Python 3后，浏览器将打开一个含有无标题笔记本的标签页，如图2-9所示。

图2-9　新建无标题笔记本

通过双击标题栏中的Untitled2文本重命名笔记本，然后键入新名称（如将其命名为MyFirstNotebook），最后单击Rename按钮，如图2-10所示。

图2-10　重命名笔记本

请遵循上述步骤重命名笔记本。现在是时候在笔记本里运行首个Python程序了。

为此，将在Python中打印一条问候语。请在单元格（文本栏）的打印括号内键入欢迎语句，如图2-11所示。

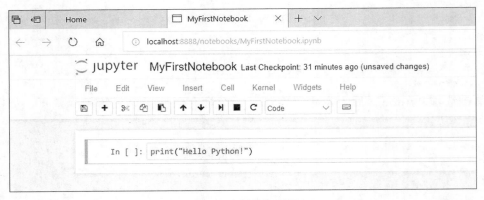

图2-11　打印问候语

在图2-11的单元格中,我们用Python 3.6打印了一个字符串。现在仅需同时按Shift+Enter组合键或者单击Cell列下方的运行按钮,此按钮在图2-12中用框标示。

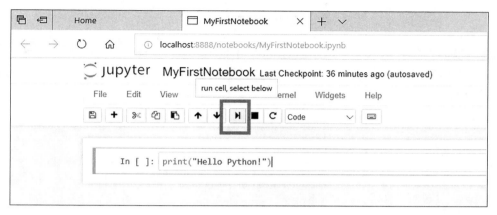

图2-12 运行按钮

运行单元格意味着运行程序,其输出结果显示在单元格的下方,如图2-13所示。

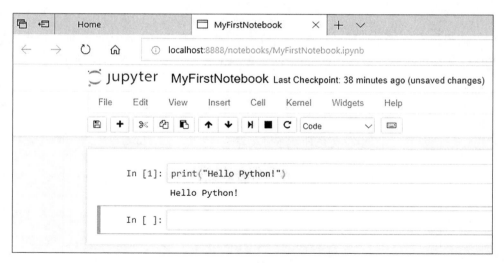

图2-13 输出结果

现在读者已经成功地在Python 3.6中运行了首个小程序,虽然只是一行用简单的英语编写的代码。一起做一些数学运算来进一步探索Python的便利性吧!

以第一个数字+第二个数字的形式输入两个数字进行加法运算,运行结果如图2-14所示。

```
In [2]: 29+56
Out[2]: 85
```

图2-14 加法运算

接下来读者要先输入数字，然后Python再进行运算。在图2-15的示例中，需要读者输入第一个数字，按下回车键；接着输入第二个数字，然后再次按下回车键。Python将在1ms内完成计算并输出结果。

```
a = int(input())
b = int(input())
print("adding of two numbers: ", a+b)
print("difference in numbers: ", a-b)
print("multiplicaton of numbers: ", a*b)

4
2
adding of two numbers:  6
difference in numbers:  2
multiplicaton of numbers:  8
```

图2-15 运算自定义加数

现在假设已经完成了分配的任务，然后希望把它分享给项目主管或经理。这可以通过单击File选项并将鼠标停留在Download as选项上来轻松实现，如图2-16所示。

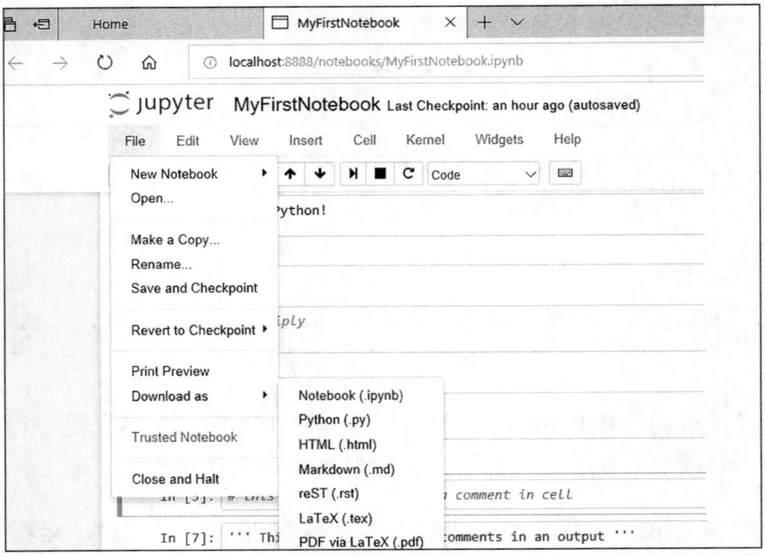

图2-16 将文件下载为

现在就可以用不同的格式（如 NoteBook、PDF、Python 或 HTML）保存当前的工作内容了。在选择所需选项后，文件将以指定的格式保存在系统的默认路径下，其文件名与重命名笔记本时所设置的名称相同。以各种形式保存分析结果，可以方便与他人传阅和分享。

2.8 小结

Anaconda Distribution 是当下非常简便快速地使用 Python 进行机器学习的方法之一，可以用来加载数据、预处理数据、可视化数据、训练模型并在笔记本中评估性能，它还可以轻松地将工作内容分享给他人。在第 3 章中，读者将了解特定于数据科学的数据结构，并学习如何在分析工作中使用它们。

第 3 章
列表与字典

数据结构是在编程语言中组织和存储数据的一种方式,使用它可以更加有效地访问和处理数据,它还定义了数据与可以对数据执行的操作之间的关系。一名合格的数据科学家将会在日常工作中用到各种数据结构,因此学习数据类型是一项必备技能。在本章中,将会学习两种在处理大数据时广泛应用并且特定于数据科学的 Python 数据结构——列表(List)与字典(Dictionary);本章还会将两者与其他看似相同但本质不同的数据结构作对比。

本章结构

- 什么是列表?
- 如何创建列表?
- 列表的不同操作。
- 列表与数组的差异。
- 什么是字典?
- 如何创建字典?
- 字典的相关操作。

本章主旨

在学习本章后,读者能够掌握如何使用列表和字典。

3.1 什么是列表

列表是 Python 中的非基元类型的数据结构,这意味着它能够存储一组不同类型的值,而不是只存储单个值。列表是可变的——我们可以更改列表中的内容。简单来说,列表是一个有序的、可变的、可能含有重复值的集合。有序是指根据在列表中输入元素时的顺序,在打印或获取该列表时,将以相同的顺序输出。

在 Python 中,我们能够以下述基元数据类型存储单个值。

- float 代表有理数,比如 1.23 或 3.2。
- int 表示整数值,比如 1、2 或 –3。
- str 表示字符串或文本。
- Bool 表示是(True)或否(False)。

想象一个场景:家庭医生需要根据每个家庭成员的身高和体重来计算体重指数,但是分别为每个人创建单独的变量来存储身高和体重较为不便,这时就引入了 Python 列表。

3.2 如何创建列表

在 Python 中,列表是一个可以被视为任意其他数据类型(如整数、字符串和布尔值等)的对象。这意味着可以把列表分配给一个变量,以便存储并使其更易于访问。我们使用方括号创建列表,并用逗号分隔元素。

可以在笔记本中创建一个空列表,将其存储在一个变量中,然后参照图 3-1 检查变量的类型。

```
In [2]:  # creating an empty list in Python
         height = []
         type(height)

Out[2]:  list
```

图 3-1 检查变量类型

现在创建一个包含以米为单位的所有家庭成员身高的列表，如图3-2所示。

```
In [3]: # a list containing heights
        height_list = [1.76,1.64,1.79,1,57]
        print(height_list)

        [1.76, 1.64, 1.79, 1, 57]
```

图3-2 身高列表

列表的优点之一是可以存储不同类型（字符串、整数及浮点等）的数值于同一个列表中，甚至可以在列表中存储另一个列表。比如，我们可以向列表中添加字符串类型的家庭成员姓名和浮点数据类型的身高数值，存储不同数据类型的列表如图3-3所示。

```
In [4]: # a list containing str and float
        name_height_list = ["Tom",1.76,"Harry",1.64,"Lisa",1.79,"Mona",1.57]
        print(name_height_list)

        ['Tom', 1.76, 'Harry', 1.64, 'Lisa', 1.79, 'Mona', 1.57]
```

图3-3 存储不同的数据类型在列表中

3.3 列表的不同操作

（1）创建列表并且按索引逐个打印元素。作为示例，我们将python、c和java存储在列表中，然后使用它们的位置（换句话说，通过索引编号访问列表）来打印列表中的每个值。

列表的起始点为数字0，而不是1。要访问列表的第一个元素，需要使用索引0，而不是索引1，如图3-4所示。

```
In [6]: lang = ['python','c','java']
        print (lang[0] + ' is very easy to learn for Data Science')
        print (lang[1] + ' is the first language I have learnt')
        print (lang[2]+ ' is difficult to learn for Data Science')

        python is very easy to learn for Data Science
        c is the first language I have learnt
        java is difficult to learn for Data Science
```

图3-4 通过索引访问列表

3.3 列表的不同操作　23

（2）既然列表是可变的，那么就可以更改任何元素的当前值。在下一个示例中，将通过使用 cobol 替换 java 来验证列表的这个特性，如图 3-5 所示。

```
In [1]: lang = ['python','c','java']
        print("old list:", lang)
        lang[2] = 'cobol'
        print("new list:", lang)

        old list: ['python', 'c', 'java']
        new list: ['python', 'c', 'cobol']
```

图 3-5　更改元素值

（3）现在可以通过 for 循环来实现逐个打印列表中的全部元素，如图 3-6 所示。

```
In [2]: language_list = ['python','c','cobol']
        for language in language_list:
            print("language is: ", language)

        language is:  python
        language is:  c
        language is:  cobol
```

图 3-6　for 循环

（4）使用列表的 len() 方法检查语言列表中元素的数量，如图 3-7 所示。

```
In [3]: language_list = ['python','c','cobol']
        print("elements in the list: ", len(language_list))

        elements in the list:  3
```

图 3-7　len()

（5）如果想要在列表中添加一种新的语言或者其他数据项，那么请使用列表的 append() 方法，如图 3-8 所示。

```
In [4]: language_list = ['python','c','cobol']
        language_list.append('java')
        print("updated list is:", language_list)

        updated list is: ['python', 'c', 'cobol', 'java']
```

图 3-8　append()

（6）如果想在特定的位置上添加新元素呢？此时可以使用 insert() 方法中的索引。在图 3-9 的示例中，在第三个位置（c）之后的位置上添加了一种新语言 .net。

```
In [5]: language_list = ['python','c','cobol','java']
        language_list.insert(2, '.net')
        print("modified list is:", language_list)

        modified list is: ['python', 'c', '.net', 'cobol', 'java']
```

图 3-9 insert()

（7）有时需要从列表中删除一些元素。这可以通过以下 3 种方法来完成——使用 remove() 方法根据元素的名称删除元素，使用 pop() 方法或 del() 方法根据元素的索引删除元素。在图 3-10 的示例中，首先从列表中删除 cobol，然后从更新后的列表中根据索引删除 java。

```
In [8]: language_list = ['python','c','.net','cobol','java']
        # remove element by name
        language_list.remove('cobol')
        print("updated list:", language_list)
        # remove element by index
        language_list.pop(3)
        print("latest list:", language_list)

        updated list: ['python', 'c', '.net', 'java']
        latest list: ['python', 'c', '.net']
```

图 3-10 删除元素

del() 方法的用例与其他的不同。它也可以删除指定索引对应的元素，但其语法与 pop() 和 remove() 方法的有所不同。现在通过创建一个含有重复元素的新列表来了解 remove()、del() 和 pop() 方法之间的区别。

在图 3-11 的示例中，数字 1 重复了两次。当应用 remove() 方法时，它将从列表中删除元素 4；pop() 方法会删除列表中的第四个索引位置（最后一位的数值）；而 del() 方法采用了一种不同的语法结构来删除位于第四个索引位置的元素。

```
In [11]: number_list = [1,2,3,4,1]
         number_list.remove(4)
         print("list after remove() example:", number_list)

         number_list = [1,2,3,4,1]
         number_list.pop(4)
         print("list after pop() example:", number_list)

         number_list = [1,2,3,4,1]
         del(number_list[4])
         print("list after del() example:", number_list)

list after remove() example: [1, 2, 3, 1]
list after pop() example: [1, 2, 3, 4]
list after del() example: [1, 2, 3, 4]
```

图3-11　remove()、del()和pop()

（8）现在想要按升序或降序对列表进行排序。这可以通过列表的sort()方法完成，如图3-12所示。

```
In [18]: language_list = ['python','c','.net','cobol','java']
         language_list.sort()
         print("sort in ascending order:", language_list)
         languages_list = ['python','c','.net','cobol','java','c#']
         language_list.sort(reverse=True)
         print("sort in descending order:", language_list)

sort in ascending order: ['.net', 'c', 'cobol', 'java', 'python']
sort in descending order: ['python', 'java', 'cobol', 'c', '.net']
```

图3-12　sort()

3.4　列表与数组的差异

Python有另一种数据类型——数组（Tuple），它与列表类似，经常会有人不清楚在哪种情景下应该使用哪种数据类型。数组有两个主要的特点使其区别于列表——第一个是数组结构使用小括号进行初始化，而列表使用方括号；第二个主要区别是数组不可变，这意味着在声明数组后既不能对它进行修改和删除，也不能在其中添加任何新的数据项，同时也代表着数组不存在append()、remove()和pop()方法。

数组如图3-13所示。

```
tuple_example = ('CS','IT','EC','ME')
print("tuple example: ", tuple_example)
print("data type of the example is", type(tuple_example))

tuple example:  ('CS', 'IT', 'EC', 'ME')
data type of the example is <class 'tuple'>
```

图3-13　数组

3.5　什么是字典

Python的字典由键值（Key-Value）对组成。键（Key）用于标识数值项，值（Value）用于保存数值项的值。字典的主要概念是每个值都对应唯一的键。字典的初始化通过在大括号内定义用冒号分割的键值对完成。与列表不同，字典本质上是一个无序的集合，这意味着在获取或打印字典时无法保证元素的顺序。

3.6　如何创建字典

字典是键值对的集合。现在创建字典来存储一辆车的特征信息，比如在键中存储车辆的属性名，在值中存储它的名称或值，如图3-14所示。

```
In [19]: dict_example = {
            'brand':'Hyundai',
            'model':'Creta',
            'type':'SUV',
            'year':'2017'
        }
        print("dictionary example: ", dict_example)
dictionary example:  {'brand': 'Hyundai', 'model': 'Creta', 'type': 'SUV', 'year': '2017'}
```

图3-14　字典示例

3.7　字典的相关操作

（1）在创建字典后，想要访问字典中的任一数据项。这可以通过两种方法实现——一种是使用键，另一种是使用get()方法。接下来在刚才新建的存储车辆信息的字典中把这两种方式都试一下，如图3-15所示。

```
In [22]: # access the brand value by key
         car_brand_by_key = dict_example['brand']
         print("car brand by key:", car_brand_by_key)
         # access the brand value by get()
         print("car brand by method:", dict_example.get('brand'))

         car brand by key: Hyundai
         car brand by method: Hyundai
```

图3-15　两种访问字典的方法

（2）当出现需要更改字典中的值的情况时，可以通过引用键的名称来实现。在图3-16中，把车辆的生产年份从2017年修改为2018年。

```
In [24]: dict_example['year'] = '2018'
         print("updated dict: ", dict_example)

         updated dict:  {'brand': 'Hyundai', 'model': 'Creta', 'type': 'SUV', 'year': '2018'}
```

图3-16　修改车辆生产年份

（3）有时候需要获取字典中的键或值。使用for循环可以打印字典中的所有键名和值，如图3-17所示。

```
In [26]: # printing all keys
         for car_property in dict_example:
             print("key in dict:", car_property)

         # printing all values
         for car_property_value in dict_example.values():
             print("value in dict:", car_property_value)

         key in dict: brand
         key in dict: model
         key in dict: type
         key in dict: year
         value in dict: Hyundai
         value in dict: Creta
         value in dict: SUV
         value in dict: 2018
```

图3-17　打印字典的所有键值

（4）如果要以键值对的形式显示车辆的详细信息，则可以参考图3-18中的做法。

```
In [27]: for car_property, car_property_value in dict_example.items():
             print(car_property, car_property_value)
         brand Hyundai
         model Creta
         type SUV
         year 2018
```

图3-18　以键值对的形式打印

字典的其他使用方法和之前在列表中所使用的相同，只是在这里使用的是键而不是索引。

3.8　小结

列表和字典是两种较为常用的可以有效处理大量数据的数据类型。在日常数据清理的过程中，需要将一些信息存储于变量中，本章的学习成果将在此见效。在笔记本中完成相关练习后，读者将信心倍增并且不会再混淆各种数据结构的应用场景。第4章将介绍Python函数和包。

第4章
函数与包

函数（Function）可以更好地将程序模块化并且提供更高的代码可复用度。对于日常数据科学工作，无须另起炉灶或从头开始编写代码。还记得在前几章的示例中已经用过的 print() 和 type() 函数吗？Python 的开发人员已经编写了较为常用的函数，以便用户轻松使用。在本章中，我们将学习一些 Python 的其他内置函数，以及如何通过它们来组织代码使其可复用。

本章结构

- Python 的 Help() 函数。
- 如何导入 Python 包？
- 如何创建并调用函数？
- 在函数中传递参数。
- 函数的默认参数。
- 如何在函数中使用未知参数？
- 函数的全局与本地变量。
- Lambda 函数。
- 了解 Python 中的 main 方法。

本章主旨

在学习本章之后，读者能够学会使用 Python 内置函数和包，并编写自己的函数。

4.1　Python的Help()函数

即使用过Python内置函数并且知道它们的名称，有些时候仍然需要明确如何使用。为了使用户进一步了解某个函数，Python提供了另一个名为`help()`的函数。可以简单地在Jupyter笔记本中输入`help(<函数名称>)`，然后运行，输出结果将提供有关该函数的所有信息。

例如，可以使用`help()`函数了解内置`len()`函数的相关信息，如图4-1所示。

```
help(len)
Help on built-in function len in module builtins:

len(obj, /)
    Return the number of items in a container.
```

图4-1　help()函数

4.2　如何导入Python包

为了使用内置函数，需要先导入函数包，为此仅需调用`Import`关键字。假如读者是一家农业公司的初级数据科学家，现在需要计算一块圆形土地的面积。很明显，圆的面积可以通过公式pi*r**2（πr^2）计算出来，其中r是圆的半径，但是此时读者却记不起pi的值了。无须担忧，Python有一个数学包可以协助读者处理这种情况，如图4-2所示。

```
import math

# define area as variable area
area = 0
# define radius as variable r
r = 5.89
# calculate area
area = math.pi * r**2
print("area of the land is: ", area)

area of the land is:  108.98844649760245
```

图4-2　导入数学包

至此已经导入了整个数学包，但是如果对某个特定的函数包比较了解，那么也可以仅导入该函数包中的子包。对于图4-2中的示例，无须再导入整个数学包，仅从数学包中导入 pi 即可，如图4-3所示。

```
from math import pi
# define radius as variable r
r = 5.89
# calculate area
area = math.pi * r**2
print("area of the land is: ", area)

area of the land is:  108.98844649760245
```

图4-3　从数学包中导入 pi

4.3　如何创建并调用函数

在 Python 中，我们使用 def 关键字定义函数，后跟函数名和冒号。例如，如果要在函数中打印 hello world，那么首先定义函数，然后在该函数中编写 print()，最后将了解如何调用该函数。在图4-4的示例中，请注意，print() 前面的空格被称为 Python 的行首缩进（Indentation），用来确保此代码是函数的一部分；对此笔记本早已知晓，无须人为地输入空格，一旦在输入冒号后按下 Enter 键，笔记本就将自动添加一个空格。

```
# defining my own function
def my_function():
  print("Hello World")

# calling my function
my_function()

Hello World
```

图4-4　定义函数并调用

4.4　在函数中传递参数

已经编写过一个简单的函数了，有时还需要在函数中传递一些信息，这将通过参数或引数（Argument）来完成。例如，读者希望借助函数得到两个数字之和，因此将编写一个含有两个参数——a和b的函数。鉴于这两个参数都是整数，将使用return语句给出两个数字之和，如图4-5所示。

```
# defining a function to return sum of two numbers
def add_two_numbers(a,b):
    return a + b
# call the function
add_two_numbers(9,8)

17
```

图4-5　定义函数返回两个数字之和

4.5　函数的默认参数

有时需要将默认值传递给函数中的参数。例如，要返回两个数字之和，其中第二个数字的值是预先设定的6，可以参照图4-6所示的做法。

```
# defining a function with default parameter
def add_function(a,b = 6):
    return a + b
# call `add_function()` with only `a` parameter
add_function(a=1)

7
```

图4-6　定义包含默认参数的函数

作者在MyFirstNotebook中分享了一个示例，以帮助读者了解如何在运行时把参数传递给函数，并根据条件确定输出值。

4.6　如何在函数中使用未知参数

在上面的示例中仅传递了两个参数，但有时候会不知道在函数中要传递的参数的数量。在这种情况下，可以在函数中传递*args参数，如图4-7所示，在此将借助于内置

sum()函数将3个数字相加。

```python
# Define `add_function()` function to accept any no.of parameters
def add_function(*args):
    return sum(args)
# Calculate the sum of the numbers
add_function(9,4,8)
21
```

图4-7　定义接受任意数量参数的加法函数

在图4-7的示例中，还可以使用除args之外的其他任意名称，但关键是要将*符号放置在名称之前。试着用另一个含有星号的名称替换*args，将会看到图4-7中的示例代码同样有效。

4.7　函数的全局与本地变量

我们使用变量存储值，然后在函数中使用它们。但是在Python中使用声明的变量存在一些限制，可以将其定义为全局变量或局部变量。二者之间的主要区别在于，局部变量是在一个函数内部定义的，并且只能应用于该函数；而全局变量可以应用于脚本中的所有函数。如图4-8所示，在函数外部创建了一个全局变量my_text，并在两个函数中访问同一个变量。

```python
# define a Global scope variable
my_text = "I am learning Python for Data Science"

def first_function():
    """ This function uses global scope variable"""
    print(my_text)
first_function()

def second_function():
    """ This function alse uses global scope variable"""
    print(my_text)
second_function()

I am learning Python for Data Science
I am learning Python for Data Science
```

图4-8　定义全局变量

首先尝试在声明函数之后打印全局变量的值，如图4-9所示。这里要注意的是，my_text变量是在函数外部定义的；如果运行程序，将会显示UnboundLocalError，因为程序将my_text视为局部变量。

```
def my_function():
    print(my_text)
    my_text = "I am also learning"
    print(my_text)

# define a Global scope variable
my_text = "I am learning Python for Data Science"
my_function()
print(my_text)
```

```
UnboundLocalError                         Traceback (most recent call last)
<ipython-input-14-45a9008ed554> in <module>()
      6 # define a Global scope variable
      7 my_text = "I am learning Python for Data Science"
----> 8 my_function()
      9 print(my_text)

<ipython-input-14-45a9008ed554> in my_function()
      1 def my_function():
----> 2     print(my_text)
      3     my_text = "I am also learning"
      4     print(my_text)
      5

UnboundLocalError: local variable 'my_text' referenced before assignment
```

图4-9　声明函数后打印全局变量

然后把声明函数后的第一个打印语句注释掉，程序再次运行时不会出现任何错误提示并输出预期结果，如图4-10所示。

```
def my_function():
    #print(my_text)
    my_text = "I am also learning"
    print(my_text)

# define a Global scope variable
my_text = "I am learning Python for Data Science"
my_function()
print(my_text)

I am also learning
I am learning Python for Data Science
```

图4-10　注释第一个打印语句

4.8 Lambda 函数

Lambda 函数在 Python 中也被称为匿名（Anonym）函数。我们不使用 def 关键字声明 Lambda 函数，而是使用 lambda 关键字。在图 4-11 的示例中，首先使用 def 编写一个乘数为 5 的乘法函数，然后再用 Lambda 函数编写相同的函数。

图 4-12 是使用内置 sum() 函数将两个数字相加的另一个示例。

```
def multiply(x):
    return x*5
multiply(2)

10

#same functionality with lambda function
multiply = lambda x: x*5
multiply(2)

10
```

图 4-11　Multiply 函数与 Lambda 函数

```
def sum(x, y):
    return x+y
sum(9,8)

17

# same example with lambda function
sum = lambda x, y: x + y;
sum(9,8)

17
```

图 4-12　Sum 函数与 Lambda 函数

由此可见，当在短时间内需要一个在运行时才被创建的无名函数时，可以使用 Lambda 函数。

4.9 了解 Python 中的 main 方法

Python 没有定义入口点，也没有类似其他语言（如 Java）的 main() 方法，而是逐行地执行源文件。在执行代码之前，它会定义一些特殊变量。例如，如果 Python 解释器将模块（源文件）作为主程序运行，则它会将特殊的 __name__ 变量的值设置为 __main__；如果此文件是从另一个模块导入的，则 __name__ 的值将被设置为该模块的名称。

有时可以直接执行编写的模块（扩展名为 .py 的 Python 文件），也可以把它导入另一个模块中使用。通过输入语句（if __name__ == "__main__":）检查 main，这样就能够只在模块作为主程序运行时执行该部分代码，而不在他人只想导入模块并调用函数本身时执行。

接下来用一个例子协助理解上文的概念。我们将使用Python集成开发环境（Integrated Development Environment，IDE）创建Python文件，请自行前往JetBrains官网下载并安装PyCharm IDE。

在安装PyCharm后，打开IDE并创建新项目，如图4-13所示。

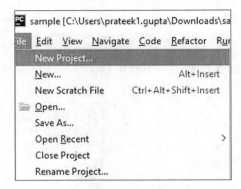

图4-13　创建新项目

在创建项目后，再创建一个名为my_module.py的Python文件并参照图4-14在其中键入代码。

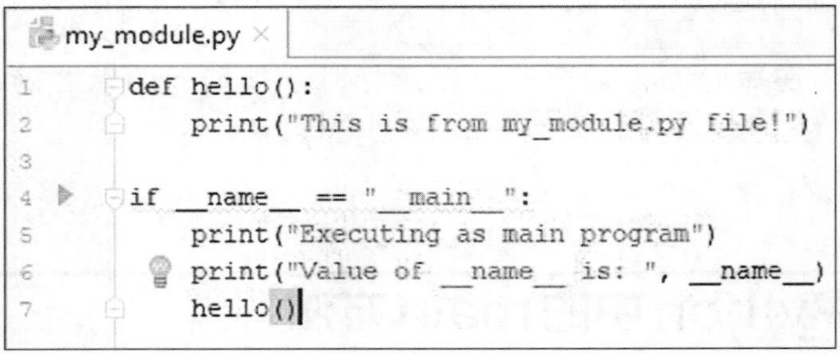

```
def hello():
    print("This is from my_module.py file!")

if __name__ == "__main__":
    print("Executing as main program")
    print("Value of __name__ is: ", __name__)
    hello()
```

图4-14　my_module.py

右键单击文件后，在弹出的菜单中单击Run'my_module'运行上文创建的代码模块，如图4-15所示。

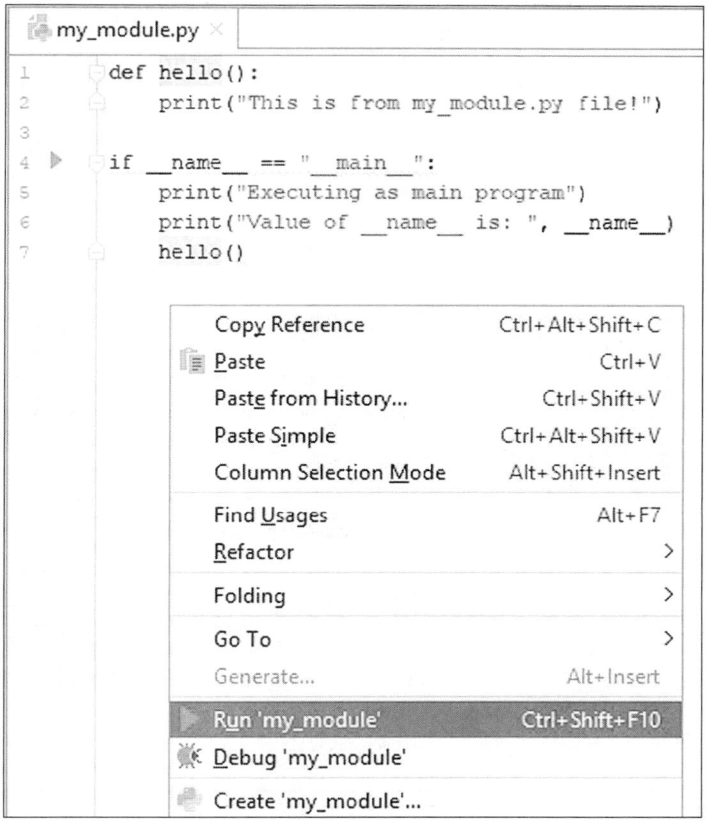

图 4-15 运行模块

在控制台中生成的结果如图 4-16 所示。

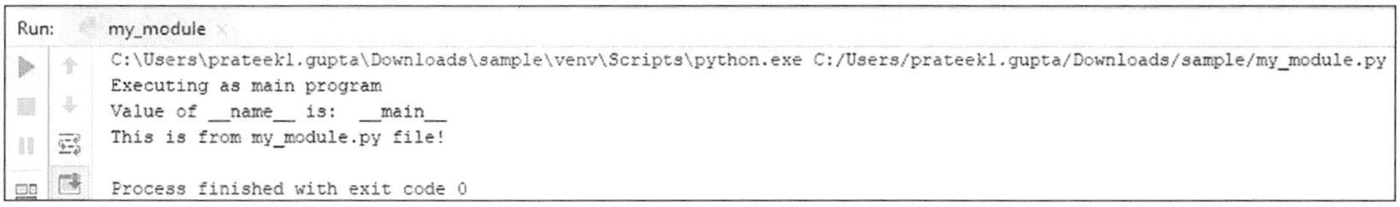

图 4-16 my_module 的运行结果

正如结果所示,我们创建了新的模块并将其作为主程序执行,因此 __name__ 的值为 __main__,这意味着满足 if 条件并且 hello() 函数被调用。现在请创建一个名为 using_module.py 的新文件,并在其中编写图 4-17 中的代码来导入 my_module。

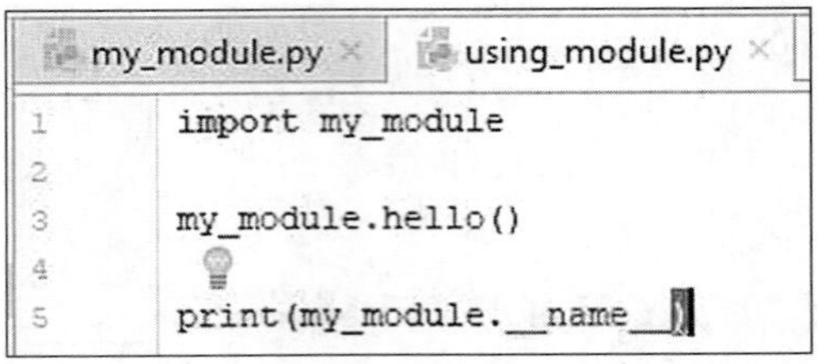
my_module.py
using_module.py
import my_module
my_module.hello()
print(my_module.__name__)

图4-17　调用my_module.py

运行该文件将获得以下结果，如图4-18所示。

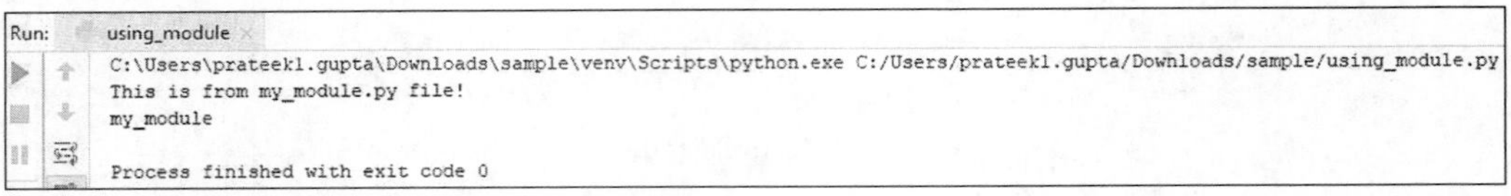
Run:
using_module
C:\Users\prateekl.gupta\Downloads\sample\venv\Scripts\python.exe C:/Users/prateekl.gupta/Downloads/sample/using_module.py
This is from my_module.py file!
my_module
Process finished with exit code 0

图4-18　using_module的运行结果

正如所见，在`my_module`中没有执行if语句，因为`__name__`的值为`my_module`。这个小程序可以使读者了解到在Python中的每个模块都有一个特殊的属性`__name__`。当把模块作为主程序运行时，`__name__`属性的值为`__main__`，否则它的值为模块的名称。

4.10　小结

一名合格的数据科学家需要不停地自定义函数来解决由数据引发的问题。在日常工作中，数据科学家需要导入各式各样的函数包并且针对不同的任务自定义编写函数，比如数据清理函数、建模函数和模型评估函数等。在第5章，我们将学习第一个用于科学计算的基础Python包——NumPy。

第 5 章
NumPy 基本概念

Numpy 是 Python 科学计算的基础包，含有强大的 N 维数组对象和实用的线性代数功能，也是其他函数包（如 Pandas、statsmodels）的构建基础。Numpy 是 Numeric Python 或 Numerical Python 的简称。在本章中，我们将学习 N 维数组——一个比列表功能更强大的函数，同时了解如何在数据处理中使用它。

本章结构

- 导入 NumPy 包。
- 为何 NumPy 数组优于列表？
- NumPy 数组属性。
- 创建 NumPy 数组。
- 访问 NumPy 数组中的元素。
- NumPy 数组的切片。
- 数组连接。

本章主旨

在学习本章内容后，读者能够有效地使用 NumPy 数组。

5.1 导入 NumPy 包

NumPy 包已经被预装在 Anaconda Distribution 中了，因此无须进行额外安装，只需要将它导入即可使用。请通过以下方式进行导入，如图5-1所示。

```
# importing numpy package
import numpy as np
```

图5-1　导入NumPy包

在图5-1的`import`语句中，`np`是指向NumPy的别名。我们可以在导入的时候定义别名来简化函数包的名称，以便后续使用。

5.2　为何NumPy数组优于列表

比如，读者手头上有天气数据可以告知距离和风速，现在要根据这些数据计算并生成一个新特征——时间。理想情况下，会继续使用列表并将公式应用于距离和速度列表进行计算，如图5-2所示。

```
distance = [55,60,45]
speed = [6,10,7]
time = distance/speed
print("time:", time)
```

图5-2　计算时间

但是一旦运行图5-2中的代码，就会出现意料之外的结果，如图5-3所示。

```
TypeError                                 Traceback (most recent call last)
<ipython-input-2-3554454633bc> in <module>()
      1 distance = [55,60,45]
      2 speed = [6,10,7]
----> 3 time = distance/speed
      4 print("time:", time)

TypeError: unsupported operand type(s) for /: 'list' and 'list'
```

图5-3　类型错误

这肯定让人困惑并引人深思：在列表操作时出了什么问题？虽然苦思冥想，但是仍然毫无线索！

列表存在一些限制，比如说不能直接使用列表进行数学计算，这就是在 Python 中要由 NumPy 数组来解决此类问题的原因。为此，首先导入 NumPy 包，然后将列表转换成 NumPy 数组，最后再执行数学运算，如图5-4所示。

```
import numpy as np
distance = [55,60,45]
speed = [6,10,7]
dist = np.array(distance)
spd = np.array(speed)
time= dist/spd
print(time)

[9.16666667 6.         6.42857143]
```

图5-4　NumPy 数组

在图5-4的示例中，`dist` 和 `spd` 变量是 NumPy 数组类型。由于 `time` 变量与 `dist` 和 `spd` 数组变量有关联，因此自动将它的数据类型设定为 NumPy 数组。

5.3　NumPy 数组属性

NumPy 数组有自己的属性，如维度、尺寸和形状，可以通过 `ndim`、`shape` 和 `size` 属性来获取对应值，以风速作为示例，如图5-5所示。

```
# data type
print("data type of array:", time.dtype)
# no. of dimensions
print("no. of dimensions:", time.ndim)
# size of each dimension
print("size of each dimension:", time.shape)
# total size of array
print("total size of array:", time.size)

data type of array: float64
no. of dimensions: 1
size of each dimension: (3,)
total size of array: 3
```

图5-5　数组属性

5.4　创建 NumPy 数组

数组可以是一维、二维或三维的，所要解决的问题可能需要创建任意维度的数组，因此将使用随机数创建数组。作为示例,我们将使用 NumPy 的随机函数生成随机整数,然后逐一检查每个数组的属性,如图 5-6 所示。

```
# creating arrays with random values
np.random.seed(0)  # seed for reproducibility

x1 = np.random.randint(10, size=6)  # One-dimensional array
x2 = np.random.randint(10, size=(3, 4))  # Two-dimensional array
x3 = np.random.randint(10, size=(3, 4, 5))  # Three-dimensional array

print("x1 ndim: ", x1.ndim)
print("x1 shape:", x1.shape)
print("x1 size: ", x1.size)

print("x2 ndim: ", x2.ndim)
print("x2 shape:", x2.shape)
print("x2 size: ", x2.size)

print("x3 ndim: ", x3.ndim)
print("x3 shape:", x3.shape)
print("x3 size: ", x3.size)

x1 ndim:  1
x1 shape: (6,)
x1 size:  6
x2 ndim:  2
x2 shape: (3, 4)
x2 size:  12
x3 ndim:  3
x3 shape: (3, 4, 5)
x3 size:  60
```

图 5-6　NumPy 随机函数

如上所述,由于 `np.random.seed(0)` 将随机种子设置为 0,因此从该随机函数中得到的伪随机数都开始于同一起点,由 `np.random.randint()` 函数返回指定数据类型的随机整数在半开半闭区间 [低, 高) 内并且符合离散均匀分布。如果高是 None(默认值),那么其结果的范围是 [0, 低)。

现在使用 NumPy 的 `arrange()` 函数创建另一个数组,该函数返回的值基本上在给定的区间内均匀分布。在图 5-7 的示例中,创建了一个 0~20 的整数序列,公差为 5。

```
f = np.arange(0, 20, 5)
print ("sequential array with steps of 5:\n", f)

sequential array with steps of 5:
 [ 0  5 10 15]
```

图 5-7　等差数组

5.5 访问 NumPy 数组中的元素

为了分析和操作数组，需要访问其中的元素。与列表中的做法类似，我们将使用数组中每个元素的索引来完成。在一维数组中，可以通过在方括号中指定所需的索引来访问第 i 个值（从零开始计数），就像访问 Python 列表一样。如图5-8所示，正在访问由图5-6中使用 `np.random()` 创建的数组元素。

```
print("1-d array:", x1)
print("second element of first array:", x1[1])
print("last element of first array:", x1[-1])
print("first element of first array:", x1[0])

1-d array: [5 0 3 3 7 9]
second element of first array: 0
last element of first array: 9
first element of first array: 5
```

图5-8　访问一维数组元素

那怎么访问其他维度的数组呢？很简单，只需要使用由逗号分隔的索引元组即可。图5-9展示了如何访问二维和三维数组中的第一个元素。

```
print("2-d array:\n", x2)
print("first elements of 2-d array:\n", x2[0,0])
print("3-d array:\n", x3)
print("first element of 3-d array:\n", x3[0,0,0])

2-d array:
 [[3 5 2 4]
 [7 6 8 8]
 [1 6 7 7]]
first elements of 2-d array:
 3
3-d array:
 [[[8 1 5 9 8]
  [9 4 3 0 3]
  [5 0 2 3 8]
  [1 3 3 3 7]]

 [[0 1 9 9 0]
  [4 7 3 2 7]
  [2 0 0 4 5]
  [5 6 8 4 1]]

 [[4 9 8 1 1]
  [7 9 9 3 6]
  [7 2 0 3 5]
  [9 4 4 6 4]]]
first element of 3-d array:
 8
```

图5-9　访问多维数组元素

多维数组在处理数据时有其自身的重要性。作为示例，看一看如何存储与电影有关的数据。电影只不过是一系列随时间变化的图像——一组图像，每个图像都是一个二维数组，其中的每个元素表示一种颜色；颜色有红、绿、蓝3种成分，电影可以被建模成多维数组。

5.6　NumPy 数组的切片

我们不光可以使用方括号访问单个数组元素，也可以使用它来访问带有切片符号（用冒号字符标记）的子数组。切片是访问数组或列表元素的一个重要概念。但与列表不同，数组切片返回的是数组数据的视图，而不是它的副本。这意味着，如果为数组创建一个子数组，然后修改其中的任何元素，那么原始数组也将被修改。我们将创建一个一维数组，然后使用切片访问它的元素，如图 5-10 所示。

```
# create an array
x = np.arange(10)
print("our array:", x)
print("first five elements:", x[:5])
print("elements after index 5:", x[5:])
print("middle sub-array:", x[4:7])
print("every other element:", x[::2])
print("every other element, starting at index 1:", x[1::2])
print("elements in reversed order:", x[::-1])

our array: [0 1 2 3 4 5 6 7 8 9]
first five elements: [0 1 2 3 4]
elements after index 5: [5 6 7 8 9]
middle sub-array: [4 5 6]
every other element: [0 2 4 6 8]
every other element, starting at index 1: [1 3 5 7 9]
elements in reversed order: [9 8 7 6 5 4 3 2 1 0]
```

图 5-10　使用切片访问一维数组元素

同样，对于多维数组，我们需要使用带逗号的多个切片，如图 5-11 所示。

```
print("2-d array:\n", x2)
print("two rows, three columns:\n", x2[:2, :3])

2-d array:
 [[3 5 2 4]
 [7 6 8 8]
 [1 6 7 7]]
two rows, three columns:
 [[3 5 2]
 [7 6 8]]
```

图 5-11　使用切片访问多维数组元素

如上所述，如果创建一个数组的子数组并对该子数组进行更改，那么原始数组也会随之更改。那又该如何确保数组的数据完整性呢？在这种情况下，使用 copy() 复制原始数组，然后可以在不影响原始数组的情况下对子数组进行修改，如图 5-12 和图 5-13 所示。

```python
# original array
print("original 2-d array:\n", x2)
# creating a 2X2 subarray from the original array
x2_sub = x2[:2, :2]
print("sub-array:\n", x2_sub)
# modifying sub-array
x2_sub[0, 0] = 88
print("modified sub array:\n", x2_sub)
# original array after sub-array changes
print("original array after changes in sub-array:\n", x2)
print("making a copy of the original array")
x2_sub_copy = x2[:2, :2].copy()
print("copy of the orinal array:\n", x2_sub_copy)
# modifying copied array
x2_sub_copy[0, 0] = 42
print("copied array after changes:\n", x2_sub_copy)
print("original array:\n", x2)
```

图 5-12　copy() 函数

```
original 2-d array:
 [[3 5 2 4]
 [7 6 8 8]
 [1 6 7 7]]
sub-array:
 [[3 5]
 [7 6]]
modified sub array:
 [[88  5]
 [ 7  6]]
original array after changes in sub-array:
 [[88  5  2  4]
 [ 7  6  8  8]
 [ 1  6  7  7]]
making a copy of the original array
copy of the orinal array:
 [[88  5]
 [ 7  6]]
copied array after changes:
 [[42  5]
 [ 7  6]]
original array:
 [[88  5  2  4]
 [ 7  6  8  8]
 [ 1  6  7  7]]
```

图 5-13　输出结果

5.7 数组连接

在某些情况下，可能需要将两个数组合并成一个数组。针对于此，Numpy 有不同的方法可以实现：`np.concatenate()`、`np.vstack()` 和 `np.hstack()`。

`np.concatenate()` 用于相同维度数组的合并，而 `np.vstack()` 和 `np.hstack()` 在处理混合维度的数组时效果比较好。为了理解每种用法，首先学习如何合并两个相同维度的数组，然后再了解如何将不同维度的数组合并为一，分别如图 5-14 和图 5-15 所示。

```
# creating two sample arrays
x = np.array([1, 2, 3])
y = np.array([3, 2, 1])
# combining both arrays using concatenate
np.concatenate([x, y])

array([1, 2, 3, 3, 2, 1])
```

图 5-14　同维度数组连接

```
# creating a sample array
x = np.array([1, 2, 3])
# creating a 2-d array
grid = np.array([[9, 8, 7],
                 [6, 5, 4]])

# vertically stack the arrays
np.vstack([x, grid])

array([[1, 2, 3],
       [9, 8, 7],
       [6, 5, 4]])

# horizontally stack the arrays
y = np.array([[99],
              [99]])
np.hstack([grid, y])

array([[ 9, 8, 7, 99],
       [ 6, 5, 4, 99]])
```

图 5-15　不同维度数组连接

如果想在笔记本中看到不同的 NumPy 内置函数，仅需在 NumPy 别名（`np.`）的圆点符号之后按 Tab 键。

5.8 小结

在本章中，我们了解了如何使用 NumPy 对单个元素或整个数组执行标准化数学运算。函数的范围包括线性代数、统计运算和其他专门的数学运算。针对本书的学习目标，仅需掌握 N 维数组以及与我们研究目的有关的数学函数。在第 6 章中，我们将学习重要性位居第二的 Python 包——Pandas。

第6章
Pandas 和数据帧

Pandas 是一个比较流行的数据科学 Python 包。它提供了强大的、富有表现力和灵活性的数据结构以简易化数据处理和分析。数据帧（DataFrame）是 Pandas 中非常强大且实用的数据结构之一。Pandas 库是数据科学家进行数据处理和分析的工具之一，其他的常用工具还包括用于数据可视化的 matplotlib 和 NumPy，后者是 Python 中科学计算的基础库，也是构建 Pandas 的基础。

本章结构

- 导入 Pandas。
- Pandas 数据结构。
- .loc[] 和 .iloc[]。
- 一些有用的数据帧函数。
- 处理数据帧中的缺失值。

本章主旨

在学习本章后，读者可以借助 Pandas 数据结构创建、处理和访问所需的数据信息。

6.1 导入 Pandas

在笔记本中导入 Pandas 非常简单。在 Anaconda Distribution 中有预装 Pandas，因此无

须再次安装。在没有安装Pandas的情况下，请通过在Anaconda Prompt中键入以下命令进行安装，如图6-1所示。

```
Anaconda Prompt
C:\Users\prateek1.gupta>set "KERAS_BACKEND=theano"
(base) C:\Users\prateek1.gupta>conda install -c anaconda pandas
```

图6-1　安装Pandas

安装成功后，导入方法如图6-2所示。

```
# importing Pandas package using alias
import pandas as pd
```

图6-2　导入Pandas

6.2　Pandas数据结构

Pandas主要有两种广泛应用于数据科学的数据结构。

- 序列（Series）。
- 数据帧（DataFrame）。

Pandas中的序列是一维标记数组，能够保存任何数据类型，如整数、浮点数和字符串，它与NumPy的一维数组类似。除由程序员指定的值之外，Pandas还为每个值分配一个标签。如果程序员没有提供标签，那么将由Pandas分配标签（第一个元素为0，第二个元素为1，以此类推）。把标签分配给数据值的好处是，随着整个数据集变得更像字典，当每一个值都与一个标签关联时，可以更加简便地操作数据集。

Pandas序列可以通过`pd.Series()`构建，如图6-3所示。

```
# creating an empty Series
x = pd.Series()
print("empty series example: ", x)

empty series example:  Series([], dtype: float64)
```

图6-3　构建序列——x

在输出单元格中,可以看到序列的默认数据类型为浮点型。接下来再使用数字列表创建另一个序列示例。

```
# series example
series1 = pd.Series([10,20,30,50])
print(series1)

0    10
1    20
2    30
3    50
dtype: int64
```

图6-4 构建序列——series1

在图6-4的代码示例中,可以看到输出形式是两列表格——第一列显示从零开始的索引,第二列显示对应的元素。该索引列是由序列自动生成的,如果想使用自定义索引名称重命名索引列,那么请使用索引参数,如图6-5所示。

```
# re-indexing the default index column
series2 = pd.Series([10,20,30,50], index=['a','b','c','d'])
print(series2)

a    10
b    20
c    30
d    50
dtype: int64
```

图6-5 自定义索引列

访问序列对象中元素的方法与我们在NumPy中看到的类似,可以按照NumPy中的方法访问序列数组元素,如图6-6所示。

```
# accessing a Series element
series2['b']

20
```

图6-6 访问序列元素

在序列中进行数据运算也是一项简单的任务。请参照在 NumPy 中的做法，进行序列的数学运算，如图 6-7 所示。

```
# data manipulation with Series
print("adding 5 to a Series:\n", series2 + 5)
print("filtering series with greater than 30:\n", series2[series2>30])
print("square root of Series elements:\n", np.sqrt(series2))

adding 5 to a Series:
 a    15
 b    25
 c    35
 d    55
dtype: int64
filtering series with greater than 30:
 d    50
dtype: int64
square root of Series elements:
 a    3.162278
 b    4.472136
 c    5.477226
 d    7.071068
dtype: float64
```

图 6-7　序列的数据运算

还记得在第 3 章中学过的字典数据结构吗？我们可以将该数据结构转换成序列，这样字典的键和值就可以转换成表格形式了，如图 6-8 所示。

```
# a sample dictionary
data = {'abc': 1, 'def': 2, 'ghi': 3}
print("dictionary example:\n", data)
# converting dictionary to series
pd.Series(data)

dictionary example:
 {'abc': 1, 'def': 2, 'ghi': 3}

abc    1
def    2
ghi    3
dtype: int64
```

图 6-8　将字典转换成序列

Pandas 的数据帧是一个二维标记的数据结构，具有类型可能不同的两列数值，包含 3

个组件——索引、行和列。它也是一种表格型数据结构，其中数据以行和列的格式（类似于 CSV 和 SQL 文件）排列，但也可用于更高维度的数据集。数据帧对象可以包含同质和异质的值，可以把它看作是序列数据结构的逻辑扩展。

与仅有一个索引的序列不同，数据帧对象同时有列索引和行索引，体现了其访问和处理数据的灵活性。

我们可以使用 `pd.DataFrame()` 创建数据帧，如图 6-9 所示。

```
# creating an empty dataframe
df = pd.DataFrame()
print("dataframe example:\n", df)

dataframe example:
 Empty DataFrame
Columns: []
Index: []
```

图 6-9　创建空数据帧

接下来将从列表中创建数据帧，该列表包含人名和年龄，还将使用 `columns` 参数重命名数据帧的列名，如图 6-10 所示。

```
# a sample list containing name and age
data = [['Tom',10],['Harry',12],['Jim',13]]
# creating a dataframe form given list with column names
df = pd.DataFrame(data,columns=['Name','Age'])
df
```

	Name	Age
0	Tom	10
1	Harry	12
2	Jim	13

图 6-10　从列表中创建数据帧

在数据帧中访问某一列的方式与其他数据结构的相同。例如，如果读者想知道图 6-10 中数据帧的 `Name` 列下的所有名字，那么可以通过以下两种方式获得，如图 6-11 所示。

```
# accessing a dataframe column- first way
df['Name']

0      Tom
1      Harry
2      Jim
Name: Name, dtype: object
```

```
# accessing a dataframe column- second way
df.Name

0      Tom
1      Harry
2      Jim
Name: Name, dtype: object
```

图 6-11　访问数据帧中的 Name 列

假设要在数据帧中添加一列，用于存储出生年份，可以通过图 6-12 中的方法实现。

```
# adding a column in existing dataframe
df['Year'] = 2008
df
```

	Name	Age	Year
0	Tom	10	2008
1	Harry	12	2008
2	Jim	13	2008

图 6-12　在数据帧中添加新列

删除列也是一项比较简单的任务，可以使用 `del` 或 `.pop()` 完成，如图 6-13 所示。

```
print("original dataframe:\n", df)
del df['Year']
print("dataframe after del:\n", df)
df.pop('Age')
print("dataframe after pop:\n", df)
```

```
original dataframe:
    Name  Age  Year
0    Tom   10  2008
1  Harry   12  2008
2    Jim   13  2008
dataframe after del:
    Name  Age
0    Tom   10
1  Harry   12
2    Jim   13
dataframe after pop:
    Name
0    Tom
1  Harry
2    Jim
```

图6-13　删除列

6.3　.loc[]和.iloc[]

在数据帧中访问某一行的方式与访问某个索引的方式是不同的，但是如果知道如何使用.loc[]函数和.iloc[]函数，也是很容易的事情。为了理解二者，创建一个用于存储公司股票价格的数据帧，如图6-14所示。

```
# a sample dataframe containing compaany stock data
data = pd.DataFrame({'price':[95, 25, 85, 41],
                     'ticker':['AXP', 'CSCO', 'DIS', 'MSFT'],
                     'company':['American Express', 'Cisco', 'Walt Disney','Microsoft']})
data
```

	company	price	ticker
0	American Express	95	AXP
1	Cisco	25	CSCO
2	Walt Disney	85	DIS
3	Microsoft	41	MSFT

图6-14　创建存储公司股票价格的数据帧

默认情况下，数据帧不会保留数据列在创建时的原始顺序。因此，在图6-14中，可能会看到所显示的数据列的顺序与创建它时的顺序不同。

要访问company列中索引为0的值，可以使用标签或通过指示位置来实现。对于基于标签的索引，可以使用.loc[]；而对于基于位置的索引，可以使用.iloc[]，如图6-15所示。

```
# access the value that is at index 0, in column 'company' using loc
print(data.loc[0]['company'])
# access the value that is at index 0, in column 'company' using iloc
print(data.loc[0][0])

American Express
American Express
```

图6-15 访问company列中索引为0对应的值

从图6-15的示例中可以很清楚地看到.loc[]作用于索引标签。这意味着，如果输入loc[3]，则函数就会查找在数据帧中索引标签为3所对应的值。

另外，.iloc[]作用于索引位置。这意味着，如果输入iloc[3]，则函数会查找在数据帧中位于第三个索引位置的值。

6.4 一些有用的数据帧函数

数据帧是一种在日常工作中经常用到的数据结构。把数据存储于数据帧中有很多好处，而且使数据分析变得十分简单。现在来看一些非常有用的数据帧函数。

当有上千行数据时，.head()和.tail()函数可以协助读者快速检查数据，如图6-16所示。

```
# inspecting top 5 rows of a dataframe
print("top five data:\n", data.head())
# inspecting below 5 rows of a dataframe
print("below 5 data:\n", data.tail())
top five data:
           company  price ticker
0  American Express     95    AXP
1             Cisco     25   CSCO
2       Walt Disney     85    DIS
3         Microsoft     41   MSFT
below 5 data:
           company  price ticker
0  American Express     95    AXP
1             Cisco     25   CSCO
2       Walt Disney     85    DIS
3         Microsoft     41   MSFT
```

图6-16 .head()和.tail()

接下来，如果要检查数据中每一列的数据类型，可以使用.dtypes，如图6-17所示。

```
# check data type of columns
data.dtypes

company    object
price       int64
ticker     object
dtype: object
```

图6-17 .dtypes

Pandas数据帧还有一种独特的方法，可以提供数据集的描述性统计信息（平均值、中位数及计数等）。要了解这些统计信息，请使用.describe()。我们可以从图6-18中的描述信息了解到，股票的最高价格是95美元，最低价格是25美元，股票总数是4。试想一下这个数据含有数百万个公司记录的情景吧！如果没有Pandas，就更难获取数据的统计信息了。

```
# descriptive statistics of the data
data.describe()

            price
count    4.000000
mean    61.500000
std     33.798422
min     25.000000
25%     37.000000
50%     63.000000
75%     87.500000
max     95.000000
```

图6-18 .describe()

如果有非数值数据，那么使用描述函数将产生诸如计数、唯一性和频率等统计信息。除此之外，还可以计算偏度（skew）、峰度（kurt）、百分比变化、差值和其他统计数据。

接下来，Pandas数据帧的重要功能之一是检查数据的信息，包括列的数据类型、非空值和内存使用情况。这些可以通过.info()实现，如图6-19所示。

```
# information of the dataframe
data.info()

<class 'pandas.core.frame.DataFrame'>
RangeIndex: 4 entries, 0 to 3
Data columns (total 3 columns):
company    4 non-null object
price      4 non-null int64
ticker     4 non-null object
dtypes: int64(1), object(2)
memory usage: 176.0+ bytes
```

图6-19 .info()

另外，还有 `shape`、`columns`、`corr()` 和 `cov()` 函数，它们将会在本书的后续章节有所涉及。请在笔记本中尝试这些函数，探索从中得到的信息。

6.5 处理数据帧中的缺失值

数据科学家经常会遇到未清洗的数据中存在缺失值的情况。这里的缺失意味着由某些原因导致数据不可用（NA），但是也不能因此就忽略所丢失的数据。实际上，在应用机器学习算法之前，需要处理这些缺失值。Pandas提供了一种灵活的方法来处理丢失的数据，它使用NaN（非数字）或NaT作为缺失值的默认标记。借助于此，可以使用`isnull()`函数轻松地检测到缺失值。为了理解这个函数，创建一个缺失值的数据帧，如图6-20所示。

```
# a sample dataframe
df = pd.DataFrame(np.random.randn(5, 3), index=['a', 'c', 'e', 'f', 'h'],
                  columns=['one', 'two', 'three'])
# creating a data with missing values by reindexing
df2 = df.reindex(['a', 'b', 'c', 'd', 'e', 'f', 'g', 'h'])
df2
```

	one	two	three
a	-1.282674	1.081757	-0.559330
b	NaN	NaN	NaN
c	1.009585	0.876217	0.830863
d	NaN	NaN	NaN
e	1.308541	-0.434903	-1.224001
f	1.995670	1.199008	-0.671072
g	NaN	NaN	NaN
h	0.032248	-1.083125	-0.679454

图6-20 创建缺失值的数据帧

可以将缺失的值视为NaN，然后使用`isnull()`函数检查是否存在缺失值，最后使用`sum()`函数统计缺失值的数量，如图6-21所示。`isnull()`函数的作用是返回一个尺寸一致的布尔值，以指示数值是否缺失；而`sum()`函数的作用是统计布尔值为真的数量。

```
# checking missing values using isnull()
print(df2.isnull())
missing_values_count = df2.isnull().sum()
print("count of missing values:\n", missing_values_count)
     one    two   three
a  False  False  False
b   True   True   True
c  False  False  False
d   True   True   True
e  False  False  False
f  False  False  False
g   True   True   True
h  False  False  False
count of missing values:
 one     3
two      3
three    3
dtype: int64
```

图6-21　isnull()和sum()

一旦知道缺失值的总数，就可以考虑如何处理这些值了。当不知道为什么会有缺失值时，一种简单的方法是使用`.dropna()`函数删除它们，如图6-22所示。

```
# remove all the rows that contain a missing value
df2 = df2.dropna()
print(df2)
        one       two     three
a -1.282674  1.081757 -0.559330
c  1.009585  0.876217  0.830863
e  1.308541 -0.434903 -1.224001
f  1.995670  1.199008 -0.671072
h  0.032248 -1.083125 -0.679454
```

图6-22　删除存在缺失值的行

`dropna()`也能够应用于列，可以使用`dropna()`函数中的`axis=1`参数删除所有至少有一个缺失值的列。作为示例，要把这种方法应用在原始的df2数据帧上。在运行图6-23中的代码单元之前，需要重新运行创建数据帧df2的代码单元，否则将得到错误的输出。

```
# remove all columns with at least one missing value
columns_with_na_dropped = df2.dropna(axis=1)
columns_with_na_dropped.head()
```

a
b
c
d
e

图6-23 删除存在缺失值的列

基于列来删除NaN值可能有风险，因为如果每一列都有NaN值，则会丢失所有列。在这种情况下，基于行的dropna()方法比较有用。

第二种处理缺失值的方法是用零、平均值、中间值或者单词填充。一起来看一看如何填充缺失的值，如图6-24和图6-25所示。

```
# filling NaN with zeros
df3 = df2.fillna(0)
df3
```

	one	two	three
a	2.000749	-0.256641	-0.041130
b	0.000000	0.000000	0.000000
c	-0.074203	-1.090353	-0.066285
d	0.000000	0.000000	0.000000
e	1.088535	-1.029808	0.553896
f	1.316821	0.125611	-0.627532
g	0.000000	0.000000	0.000000
h	-0.623504	-1.266855	1.043820

图6-24 使用零填充

```
# replace all NA's the value that comes directly after it in the same column
# then replace all the reamining na's with 0
df4 = df2.fillna(method = 'bfill', axis=0).fillna(0)
df4
```

	one	two	three
a	2.000749	-0.256641	-0.041130
b	-0.074203	-1.090353	-0.066285
c	-0.074203	-1.090353	-0.066285
d	1.088535	-1.029808	0.553896
e	1.088535	-1.029808	0.553896
f	1.316821	0.125611	-0.627532
g	-0.623504	-1.266855	1.043820
h	-0.623504	-1.266855	1.043820

图6-25 使用同列数据填充

在图6-25的代码单元中，我们使用Pandas数据帧的后向填充方法来填充缺失值。同样，也可以使用ffil()方法进行前向填充。

6.6 小结

快速、灵活并且富有表现力的Pandas数据结构旨在使现实世界的数据分析变得更加容易，但对于刚刚开始使用它的人来说，这可能不是立即见效的事情。这个软件包中内置了太多的功能，要一次性掌握这些内容可能会让人无所适从，强烈建议通过适当的案例学习这些功能。请打开笔记本，练习本章的学习内容，并深入探索。第7章将讲解如何与Python中的不同数据库进行交互。

第7章
与数据库交互

数据科学家经常要与数据库打交道。为此，需要知道如何查询、创建和写入不同的数据库。在这种情况下，掌握SQL（结构化查询语言）再合适不过了。SQL为数据而生，主要有3个用途：用途一是读取和检索数据，因此通常将数据存储在数据库中；用途二是在数据库中写入数据；最后一个用途是在数据库中更新和插入数据。Python有自己的工具包——SQLAlchemy，它提供了一种可直观访问的方式来查询、创建和写入SQLite、MySQL和PostgreSQL数据库（以及许多其他数据库）。本章将介绍所有与数据科学有关的数据库的详细内容。

本章结构

- SQLAlchemy。

- 安装SQLAlchemy包。

- 如何使用SQLAlchemy。

- SQLAlchemy引擎配置。

- 在数据库中新建表。

- 在表中插入数据。

- 更新记录。

- 如何合并表格。

第7章 与数据库交互

本章主旨

通过本章学习，读者能够熟悉关系数据库和关系模型的基本概念，学习如何连接到数据库，并通过编写基本的SQL查询语句与之交互，既可以使用原始SQL，也可以使用SQLAlchemy。

7.1 SQLAlchemy

SQLAlchemy是Python的SQL工具包和对象关系映射器（Object Relational Mapper），提供了SQL的全部功能并兼具其灵活性。它提供了一种与数据库交互的Python化的方式。无须应对传统SQL的不同方言（如MySQL、PostgreSQL或Oracle）之间的差异，可以利用SQLAlchemy的Python化框架来简化工作流程并更加有效地进行数据查询。

7.2 安装SQLAlchemy包

我们的学习之旅从在笔记本中安装SQLAlchemy包开始，通过在Anaconda Prompt中输入命令 `conda install -c anaconda sqlalchemy` 来安装存放于Anaconda Distribution中的工具包，如图7-1所示。

图7-1 安装工具包

在安装完成后，可以将其导入笔记本中，如图7-2所示。

```
In [1]: import sqlalchemy as db
```

图7-2 导入笔记本

7.3 如何使用SQLAlchemy

在使用工具包之前，应该有一个要连接的数据库。我们使用SQLAlchemy来连接PostgreSQL、MySQL、Oracle、Microsoft SQL和SQLite等不同类型的数据库。针对本书的学习目标，我们将使用MySQL数据库，可以从其官方网站下载并安装MySQL数据库。

在安装MySQL工作台之后，需要先创建连接。为此，打开工作台并单击＋图标，如图7-3中所示。

图7-3　创建连接按钮

单击＋图标后，出现弹窗页面，需要在此提供连接的名称、用户名和密码来创建连接。请记下连接名、主机名、端口和密码，因为稍后将需要这些信息。完成这一步后，连接就可以使用了，如图7-4所示。

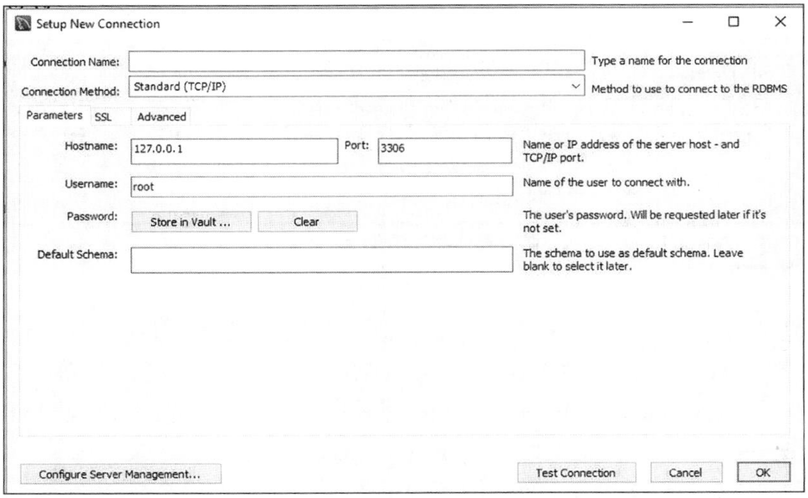

图7-4　设置新连接

在成功创建连接后，下一步就是创建模式。为此，右键单击SCHEMAS菜单并选择Create Schema选项，如图7-5所示。

图7-5　创建模式

图7-5展示了作者之前创建的一些模式。单击Create Schema选项后，在弹出的界面中输入模式名称，然后选择默认选项。在图7-5的示例中，新建并保存了名为rms_dev的模式。

7.4　SQLAlchemy引擎配置

一旦知道了数据库信息，下一步就是与数据库发生交互。SQLAlchemy将使用引擎（Engine）实现对数据库的各种操作。使用SQLAlchemy创建引擎相当简单，通过它的create_engine接口（Application Programming Interface, API）即可。通过以下语句导入此接口：`from sqlalchemy import create_engine`。此`create_engine`接口通过以下语法将数据库信息存储为参数，如图7-6所示。

```
dialect+driver://username:password@host:port/database
```

图7-6 将数据库信息存储为参数

图7-6中的 `dialect` 名称包括 SQLAlchemy 方言的标识名称，例如 `sqlite`、`mysql`、`postgresql`、`oracle` 或 `mssql`。`driver` 名称是用于连接数据库的数据库接口（Database API，DBAPI）的名称，请全部使用小写字母。如果未特别指明，则将导入默认数据库接口（如果可用）——此默认值通常是该后端可用的广为人知的驱动程序。

在图7-7的示例中，将在 Jupyter 笔记本中使用 MySQL 数据库的连接详细信息来创建引擎。

```
engine = db.create_engine('mysql://root:admin@127.0.0.1:3306/rms_dev')
connection = engine.connect()
```

图7-7 创建 MySQL 引擎

在图7-7中，按照 `create_engine()` 接口所需的格式传输数据库详细信息（用户名为 root，密码为 admin），然后再使用 `engine.connect()` 连接数据库。因为 `rms_dev` 模式是刚才新建的，所以其中不存在任何表格。首先在模式内新建一个表/数据吧！

如果遇到 No module named 'MySQLdb'（不存在名为 MySQLdb 的模块）的错误，这意味着需要安装 MySQL 客户端，可以在 Anaconda Prompt 中使用 `pip install mysqlclient` 命令进行安装。

7.5 在数据库中新建表

既然已经连接到引擎了，那么就使用引擎的 `execute()` 方法创建表。在图7-8的示例中，创建了一个表来保存与客户相关的数据——名称和地址。用于新建表的 SQL 语法如图7-8所示。

```
CREATE TABLE [IF NOT EXISTS] `TableName` (`fieldname` dataType [optional parameters]) ENGINE = storage Engine;
```

图7-8 新建表的 SQL 语法

因为已经连接到引擎了，所以无须使用 ENGINE 参数。首先将用于创建表的 SQL 查询语句存储在名为 query 的变量中；然后把此变量传递给引擎的 execute() 方法，打印表名以检验是否创建成功；最后断开数据库连接，代码如图 7-9 所示。

```
query = "CREATE TABLE customers (name VARCHAR(255), address VARCHAR(255))"
connection.execute(query)
print("Table Name:", engine.table_names())
connection.close()
Table Name: ['customers']
```

图 7-9　创建表的语句

在执行完操作之后，请始终牢记使用 connection.close() 断开数据库连接。

7.6　在表中插入数据

在创建表格之后，就该在其中插入数据了。为了向现有表中添加新数据，将使用 SQL 插入语句，其语法如图 7-10 所示。

```
INSERT INTO table_name ( field1, field2,...fieldN )
    VALUES
    ( value1, value2,...valueN );
```

图 7-10　SQL 插入语句

向客户信息表中新添一个客户的名称和地址，如图 7-11 所示。

```
engine = db.create_engine('mysql://root:admin@127.0.0.1:3306/schemaexample')
connection = engine.connect()
sql = "INSERT INTO customers (name, address) VALUES ('Prateek', 'India')"
connection.execute(sql)
connection.close()
```

图 7-11　添加客户信息

现在可以使用 SQL 的 SELECT 查询语句来检查当前表中的记录，然后使用 sqlachemy 接口的 fetchall() 提取所有行，如图 7-12 所示。

```
engine = db.create_engine('mysql://root:admin@127.0.0.1:3306/schemaexample')
connection = engine.connect()
sql = "SELECT * from customers"
result = connection.execute(sql)
print("table data:", result.fetchall())
connection.close()

table data: [('Prateek', 'India')]
```

图7-12　fetchall()

现在通过这种方式就可以轻松地从数据库中读取数据。编写类似的代码可以帮助读者从数据库中获取成百上千条数据进行分析。

7.7　更新记录

更新当前记录是一件稀疏平常的事情，读者必须知道在错误地将记录插入数据库时该如何对记录进行更新。在图7-13的示例中，将使用SQL的UPDATE查询语句更新当前客户的地址。

```
engine = db.create_engine('mysql://root:admin@127.0.0.1:3306/schemaexample')
connection = engine.connect()
sql = "UPDATE customers SET address = 'Singapore' WHERE address = 'India'"
connection.execute(sql)
print("record(s) is updated")
q = "SELECT * from customers"
result = connection.execute(q)
print("table data:", result.fetchall())
connection.close()

record(s) is updated
table data: [('Prateek', 'Singapore')]
```

图7-13　更新客户地址

可以使用WHERE从句删除数据列的某个记录，如图7-14所示。

```
engine = db.create_engine('mysql://root:admin@127.0.0.1:3306/schemaexample')
connection = engine.connect()
sql = "DELETE FROM customers WHERE address = 'Singapore'"
connection.execute(sql)
print("record is deleted!")
connection.close()

record is deleted!
```

图7-14　使用WHERE从句删除记录

7.8 如何合并表格

在关系数据库中，可能有许多表格，而这些表格的列之间可能存在某些关系。在这种情况下，需要合并表格。一个现实场景的例子来自电子商务领域，与产品相关的数据在一个表格中，与客户相关的数据在另一个表格中，库存数据在第三个表格中，而读者需要根据客户或库存信息获取产品详细信息。有3种合并表格的方式：内连接（Inner join）、左连接（Left join）和右连接（Right join）。一起来了解一下这些连接吧！

7.8.1 内连接

通过使用JOIN语句，我们可以基于关联列来连接或合并两个或多个表的行。在数据库中创建两个表——客户和产品，借此了解这种类型的连接。在运行图7-15中的代码之前，不要忘记先把引擎创建好，然后再连接到数据库。

```
query = "CREATE TABLE IF NOT EXISTS users (id INT, name VARCHAR(255), prod_id INT)"
connection.execute(query)
sql = "INSERT INTO users (id, name, prod_id) VALUES (1, 'Prateek', 11),(2,'John',12),(3,'Tom',13)"
connection.execute(sql)
query2 = "CREATE TABLE IF NOT EXISTS products (id INT, name VARCHAR(255))"
connection.execute(query2)
sql2 = "INSERT INTO products (id, name) VALUES (11, 'Apple'),(12,'Samsung'),(15,'Vivo')"
connection.execute(sql2)
connection.close()
```

图7-15　创建客户表和产品表

在运行完以上代码后，还可以在工作台中验证运行结果。转到工作台，选择一开始创建的模式，展开该模式，然后将看到刚刚运行代码创建的新表，如图7-16所示。

图7-16　验证结果

因为在示例中,客户表和产品表有产品ID作为公共列,所以可以根据产品ID合并客户表和产品表,以查看哪个客户购买了哪种产品,如图7-17所示。

```
engine = db.create_engine('mysql://root:admin@127.0.0.1:3306/schemaexample')
connection = engine.connect()
join_query = "SELECT \
  users.name AS user, \
  products.name AS favorite \
  FROM users \
  INNER JOIN products ON users.prod_id = products.id"
result = connection.execute(join_query)
myresult = result.fetchall()
for bought_product in myresult:
    print(bought_product)

('Prateek', 'Apple')
('John', 'Samsung')
```

图7-17 合并客户表和产品表

内连接只显示有匹配项的记录。

7.8.2 左连接

左连接会返回左表的所有行,即使在右表中找不到匹配行。如果在右表中没有匹配项,则会返回None,如图7-18所示。

```
left_join = "SELECT \
  users.name AS user, \
  products.name AS favorite \
  FROM users \
  LEFT JOIN products ON users.prod_id = products.id"
result = connection.execute(left_join)
myresult = result.fetchall()
for bought_product in myresult:
    print(bought_product)

('Prateek', 'Apple')
('John', 'Samsung')
('Tom', None)
```

图7-18 左连接示例

在执行任何查询之前,不要忘记创建并连接到数据库,请参照之前在普通内连接示例中所做的操作。

7.8.3 右连接

右连接与左连接相反。右连接会返回右表中的所有列，即使在左表中找不到匹配行。如果在左表中不存在匹配项，则返回 None，如图 7-19 所示。

```
right_join = "SELECT \
  users.name AS user, \
  products.name AS favorite \
  FROM users \
  RIGHT JOIN products ON users.prod_id = products.id"
result = connection.execute(right_join)
myresult = result.fetchall()
for bought_product in myresult:
    print(bought_product)

('Prateek', 'Apple')
('John', 'Samsung')
(None, 'Vivo')
```

图 7-19　右连接示例

在执行任何查询之前，不要忘记创建并连接到数据库，请参照之前在普通内连接示例中所做的操作。

7.9　小结

熟练掌握 SQL 是许多数据科学工作的基本要求之一，包括数据分析师、商业智能工具开发人员、程序员分析师、数据库管理员和数据库开发人员。这些人需要使用 SQL 与数据库进行通信并处理数据。学习 SQL 可以帮助读者更好地理解关系数据库，这是数据科学的基础，还能提高读者的专业素养。因此，建议通过创建自己的数据库/模式继续练习本章所分享的使用 Python 与 SQL 交互的技能。在第 8 章中，我们将学习在数据科学中常用的统计学核心概念。

第 8 章
数据科学中的统计思维

统计学在数据科学中占有重要地位。如果应用得当，就可以从模糊、复杂和困难的现实世界中获取知识。对统计和各种统计指标的含义有一个清楚的认识，对于区分真伪至关重要。在本章中，将学习重要的统计概念和各种基于 Python 的统计工具，这些工具将帮助读者理解以数据科学为中心的数据。

本章结构

- 数据科学中的统计学。
- 统计数据/变量的类型。
- 平均数、中位数和众数。
- 概率的基本概念。
- 统计分布。
- Pearson 相关系数。
- 概率密度函数。
- 真实案例。
- 统计推断与假设检验。

本章主旨

在学习本章之后，读者能够使用 Python 式的统计方法来分析数据。

8.1　数据科学中的统计学

统计学是分析数据的学科。在数据科学中，将使用两种类型的统计——描述统计和推断统计。描述统计包括探索性数据分析、无监督式学习、聚类和基本数据摘要。它有许多用途，尤其是可以帮助我们熟悉数据集。描述统计通常是所有分析的起点，借此能够把数据以更有意义的方式进行呈现，从而简化数据的解释方式。

推断是依据样本对总体做出结论的过程。推断包含大部分传统上与统计学相关的活动，比如估计、置信区间、假设检验和变量。推断迫使人们正式地定义估计或假设的目标，去思考从样本中试图归纳的总体（Population）。在统计学中，总体是指研究对象全体。例如，如果研究成年妇女的体重，那么总体就是全世界所有妇女的体重；如果研究哈佛学生的学分绩点（GPA），那么总体就是哈佛所有学生的GPA。

8.2　统计数据/变量的类型

在应用统计学时，分辨不同的数据类型很重要。大部分数据可以分为两类：计量（Numerical）和分类（Categorical）。计量或定量数据是一种度量，例如人的身高、体重、智商或血压；或者是一种计数，比如一个人拥有的股票数量、一条狗的牙齿数量或者在入睡之前能读多少页喜欢的书。分类或定性数据表示特征，比如人的性别、婚姻状况、家乡或喜欢的电影类型等。分类数据可以采用数值形式（如1表示男性，2表示女性）表示，但这些数字没有任何数学意义，比如，不能把它们相加。分类数据的其他名称有定性数据或是/否型数据。

统计中的这两类变量可以进一步划分，如图8-1所示。

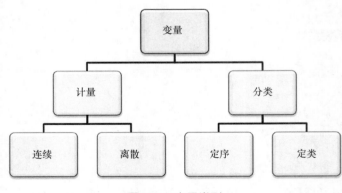

图8-1　变量类型

理解数据类型

（1）离散变量（Discrete Variable）——离散变量在有限时间内是可数的；例如，读者可以数一数口袋里的零钱，也能算一算自己银行账户上的钱，还可以统计所有人银行账户里的钱。

（2）连续变量（Continuous Variable）——连续变量需要连续不断地计算；事实上，它们是永远也算不完的。以人的年龄为例，年龄是不能计算的，因为它可能是25年、10个月、2天、5小时、4秒、4毫秒、8微秒、9纳秒等；但是可以把年龄转换成一个离散变量，然后进行计算，例如，按年计算一个人的年龄。

（3）定类变量（Nominal Variable）——定类变量是有两个或多个类别但没有内在顺序的变量。例如，房地产经纪人可以将物业划分为不同的类型，如房屋、公寓、合作社或平房。"物业类型"是一个定类变量，有4个类别，分别是房屋、公寓、合作社和平房。

（4）定序变量（Ordinal Variable）——定序变量与定类变量一样具有两个或多个类别，不同之处在于定序变量的类别可以排序或排名。所以当问起一群人是否喜欢苹果时，他们会回答"不太喜欢"，或者"还可以"，又或者"非常喜欢"，然后就产生了定序变量；此变量共有3个类别，即"不太喜欢""还可以"和"非常喜欢"，可以把它们从最积极（非常喜欢），到中间反应（还可以），再到最消极（不太喜欢）进行排序。然而，我们可以对喜好程度进行排序，却不能给它们一个"值"；例如，不能说"还可以"的积极程度是"不太喜欢"的两倍。

8.3 平均数、中位数和众数

平均数（Mean）在英文中的另一种称呼是Average。要计算数据集的平均值，请用所有值之和除以值的个数。可以使用Numpy沿着指定轴计算算术平均值，图8-2展示了计算平均数的Python式方法。

```
import pandas as pd
import numpy as np
a = np.array([[1, 2], [3, 4]])
print(np.mean(a))
print(np.mean(a, axis=0))
print(np.mean(a, axis=1))

2.5
[2. 3.]
[1.5 3.5]
```

图8-2 Python式计算平均数

中位数（Median）是位于一组有序数列中间位置的数字。数组可以按升序或降序排列。当数据集的元素个数为奇数时，很容易找到中位数；当元素个数为偶数时，需要取位于序列中心的两个数字的平均值作为中位数。图8-3展示了计算中位数的方法。

```
a = np.array([[10, 7, 4], [3, 2, 1]])
print(np.median(a))
print(np.median(a, axis=0))
print(np.median(a, axis=1))

3.5
[6.5 4.5 2.5]
[7. 2.]
```

图8-3　Python式计算中位数

众数（Mode）是数据中出现次数最多的数值。为了计算众数，需要另一个来自于 scipy 或 numpy 的名为 stats 的包，如图8-4所示。

```
from scipy import stats
a = np.array([[1, 3, 4, 2, 2, 7],
              [5, 2, 2, 1, 4, 1],
              [3, 3, 2, 2, 1, 1]])
m = stats.mode(a)
print(m[0])

[[1 3 2 2 1 1]]
```

图8-4　Python式计算众数

现在的问题是什么时候使用平均数、中位数和众数？答案是这取决于数据集。

当数据集包含的数值分布相对均匀，没有异常高或异常低的值时，平均数是度量数据集均值的推荐方式。当数据包含非常高或非常低的值时，因为这些极端值对结果的影响很小，所以建议采用中位数度量均值；对于按顺序标度分类的数据，中位数是最适合的度量均值的方式。众数可用于度量定类数据的均值，比如，学院将图书馆的深夜用户分为14%的理科学生、32%的社会科学学生和54%的生物科学学生，从中无法计算中位数或平均数，但众数是生物科学学生，因为在深夜图书馆用户中常见的是生物科学学生。

8.4　概率的基本概念

必须承认的是生活充满了不确定性。直到某种情况发生，人们才能知道它的结果。今天会下雨吗？能通过下一次数学考试吗？喜欢的球队会赢吗？未来6个月能升职吗？所有这些问题都是我们生活中不确定的事例。如果对这些不确定的情况有所了解，就可以相应地进行规划。这就是概率在分析中起重要作用的原因。

与概率有关的必知术语：实验（Experiment）是指可能有多种结果的不确定情况，结果（Outcome）是指单次试验的结果，事件（Event）是指一次实验出现的一个或多个结果，概率（Probability）是衡量事件发生可能性的指标。

8.5 统计分布

当用与数据科学相关的必备统计知识武装自己时，很重要的须知内容之一是分布（Distribution）。正如概率的概念引出了数学计算，分布协助将隐藏的真相可视化。下面是一些必须了解的重要分布。

（1）泊松分布（Poisson Distribution）——泊松分布用于计算在一个连续时间间隔内可能出现的事件个数。比如，在任意一段时间内会接到多少通电话，或者有多少人在排队。泊松分布是一种离散函数，这意味着事件只能用发生或不发生来度量，也意味着变量只能用整数度量。

要在Python中计算此函数，可以使用`scipy`的`stats`包并使用`matplotlib`库将示例可视化，如图8-5所示。

```
from scipy.stats import poisson
import matplotlib.pyplot as plt
plt.title('Probability Distribution Example')
arr = []
rv = poisson(25)
for num in range(0,40):
    arr.append(rv.pmf(num))
prob = rv.pmf(28)
plt.grid(True)
plt.plot(arr, linewidth=2.0)
plt.plot([28], [prob], marker='o', markersize=6, color="red")
plt.show()
```

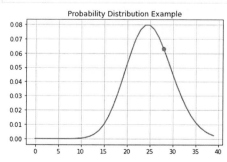

图8-5 计算泊松分布并可视化

在图8-5的代码单元中，首先从`scipy.stats`接口导入`poisson`包并且利用`matplotlib`库绘制分布，然后创建了一个名为`rv`的泊松离散型随机变量，接下来计算了概率质量函数（Probability Mass Function，PMF），这是一个可以预测或显示各个特定取值出现的数学概率的函数，最后使用了`matplotlib`的`plot()`和`show()`函数绘制图形。

（2）二项分布（Binomial Distribution）——只有两种可能结果，比如成功或失败、得或失、赢或输，并且所有试验的成功和失败的概率都相同，这种分布被称为二项分布。Python的`matplotlib`库中有一些内置的函数，用以创建这样的概率分布图；此外，`scipy`包也可以协助创建二项分布，如图8-6所示。

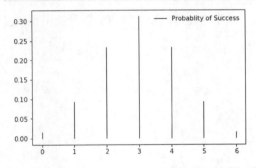

图8-6　创建二项分布

在图8-6的代码单元中，从`scipy.stats`接口导入了`binom`包，然后创建了一个名为`rv`的二项离散随机变量。现在要在每个x处沿着最小y值到最大y值绘制垂直线，为此使用了`matplotlib`的`vlines()`函数，在其中将概率质量函数作为一个参数传递，然后像之前一样绘制并显示分布。

（3）正态分布（Normal Distribution）——任何具有以下特征的分布都被称为正态分布。

- 分布的平均值、中位数和众数相同。
- 分布曲线呈钟形并且直线对称，正好一半在中心的左边，另一半在右边。

可以使用Python的`scipy`和`matplotlib`包来计算和绘制同样的曲线，如图8-7所示。

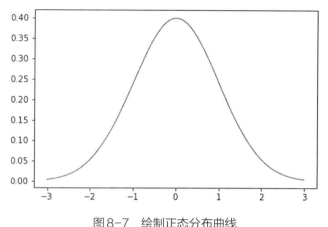

图8-7 绘制正态分布曲线

在图8-7的代码单元中，从 scipy.stats 接口导入了 norm 包，之后在 plot() 函数中传递了正态连续型随机变量的概率密度函数（Probability Density Function，PDF）作为参数。概率密度函数是一个预测或显示某个值在某个区域内出现概率的函数。本章后续部分会介绍更多有关此函数的内容。

8.6 Pearson相关系数

在实际的数据问题中，可能会面临数百个数据特征，并且也不能把它们全部都包含在分析中。这就是需要找到每个变量之间的关系的原因。Pearson 相关系数是对两个变量之间线性相关程度的度量，用 r 表示。基本上，它试图绘制一条经过两个变量的数据的最佳拟合线，Pearson 相关系数 r 表示所有数据点到最佳拟合线的距离（数据点与新模型/最佳拟合线的拟合程度）。

Pearson 相关系数的取值范围是 $-1 \sim 1$。值为 0 表示两个变量之间没有关联；值大于 0 表示正相关，即随着一个变量的值增加，另一个变量的值也会增加；值小于 0 表示负相关，即当一个变量值增加时，另一个变量值会减小。两个变量的相关性越强，Pearson 相关系数的绝对值越接近1。

图8-8是一个解析Pearson相关系数的指南（取决于正在度量的内容）。

Strength of Association	Coefficient, r	
	Positive	Negative
Small	.1 to .3	-0.1 to -0.3
Medium	.3 to .5	-0.3 to -0.5
Large	.5 to 1.0	-0.5 to -1.0

图8-8　相关系数与相关程度

Python式解析Pearson相关系数的方法是，r_row表示Pearson相关系数，p_value表示没有关联的系统偶然产生的数据集的Pearson系数与从这两个数据集中通过公式计算所得的相关系数一样或更极端的概率，如图8-9所示。p值并不完全可靠，但对于数据量大于500的数据集而言还是比较合理的。

```
import scipy
from scipy.stats import pearsonr
x = scipy.array([-0.65499887,  2.34644428, 3.0])
y = scipy.array([-1.46049758,  3.86537321, 21.0])
r_row, p_value = pearsonr(x, y)
print(r_row)
print(p_value)

0.7961701483197555
0.41371200873701036
```

图8-9　r_row和p_value

8.7　概率密度函数

概率密度函数或PDF用于说明随机变量落在某一个取值区域内，而不是取一个确定值的概率。概率密度函数处处都是非负的，而且它在整个空间内的积分等于1。

在Python中，可以按照以下方式解释PDF：从scipy.stats库导入norm包，并且使用numPy和matplotlib库创建一个正态分布概率密度函数。在图8-10的示例中，创建变量x，并把它赋给np.arange(-4,4,0.001)，其范围是-4～4，增量为0.001，然后用`plt.plot(x,norm.pdf(x))`绘制一个正态分布概率密度函数。

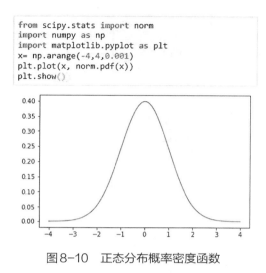

图8-10　正态分布概率密度函数

8.8　真实案例

Pearson相关系数在现实生活中有成千上万个应用案例。一个案例是——中国科学家想知道杂草稻种群的遗传差异之间的关系，旨在找出水稻的进化潜力，因此要分析两个种群之间的Pearson相关。杂草稻种群的Pearson积矩相关系数（Pearson Product Moment Correlation）为正值，范围是0.783～0.895。这一数值相当高，表明它们之间的关系相当密切。

8.9　统计推断与假设检验

统计推断是通过分析数据来推断基本分布特征的过程。推断统计分析用于推断群体特征，包括检验假设和推导估计。统计对分析大部分数据集是有帮助的。假设检验（Hypothesis testing）在即使没有科学理论存在的情况下也能够论证结论。统计假设，有时被称为验证性数据分析（Confirmatory Data Analysis），在所观察的过程建模于一组随机变量的基础上是可检验的。在应用机器学习中，在任何想要验明数据分布或者两组数据的结果是否有差异的时候，都必须依赖统计假设检验。

简单地说，可以通过假设结果符合某种特定的结构来解释数据，这就是假设（Hypothesis）；

然后使用统计方法来确定或拒绝假设，以此为目的的统计检验被称为统计假设检验。在统计学中，假设检验基于特定的假设会进行一些计算，检验结果会解释假设是否成立或者假设是否被违背。

以下是在机器学习中经常应用的两个具体例子。

- 假设数据具有正态分布的检验。
- 假设两个样本来自同一个基本群体分布。

统计检验的假设被称为无效假设（Null Hypothesis），或零假设（Hypothesis 0, H0），通常称之为默认假设，或者说假设情况没有发生过任何改变。与检验假设相反的假设通常被称为第一假设、假设1或简称H1。H1实际上是"其他假设"，即备择假设，我们只知道有证据表明H0可以被拒绝。

通过分辨两种错误类型（类型1和类型2）和明确参数的限制（例如允许多少个类型1的错误）来帮助区分无效假设和备择假设。

现在通过一个实例来理解这些统计概念。作为练习，将研究如何从数据样本（样本均值）中准确描述学生的实际平均工作经验（总体均值），并且可以通过置信区间来量化结果的确定性。在本练习中，首先创建一个班级中数据科学专业学生的总体工作经验数组，并将其存储在名为 dss_exp 的变量中，如图8-11所示。

```
%matplotlib inline
import matplotlib.pyplot as plt
import numpy as np
import pandas as pd

# array containing no of total experience
dss_exp = np.array([12, 15, 13, 20, 19, 20, 11, 19, 11, 12, 19, 13,
                    12, 10, 6, 19, 3, 1, 1, 0, 4, 4, 6, 5, 3, 7,
                    12, 7, 9, 8, 12, 11, 11, 18, 19, 18, 19, 3, 6,
                    5, 6, 9, 11, 10, 14, 14, 16, 17, 17, 19, 0, 2,
                    0, 3, 1, 4, 6, 6, 8, 7, 7, 6, 7, 11, 11, 10,
                    11, 10, 13, 13, 15, 18, 20, 19, 1, 10, 8, 16,
                    19, 19, 17, 16, 11, 1, 10, 13, 15, 3, 8, 6, 9,
                    10, 15, 19, 2, 4, 5, 6, 9, 11, 10, 9, 10, 9,
                    15, 16, 18, 13])
```

图8-11 创建总体经验数组

接下来，绘制直方图来查看经验的分布情况。请使用matplotlib的hist()函数绘制直方图，在该函数中使用bins参数说明要把数据划分成的矩形数量，如图8-12所示。

```
#Understanding the Underlying distribution of Experience
# Plot the distribution of Experience
plt.hist(dss_exp, range = (0,20), bins = 21)
# Add axis labels
plt.xlabel("Experience in years")
plt.ylabel("Frequency")
plt.title("Distribution of Experience in Data Science Specialization")
# Draws the red vertical line in graph at the average experience
plt.axvline(x=dss_exp.mean(), linewidth=2, color = 'r')
plt.show()
# Statistics of DSS Batch experience
print("Mean Experience of DSS Batch: {:4.3f}".format(dss_exp.mean()))
print("Std Deviation of Experience of DSS Batch: {:4.3f}".format(dss_exp.std()))
```

图8-12 绘制经验分布图

图8-12中的代码将绘制出如图8-13所示的直方图。

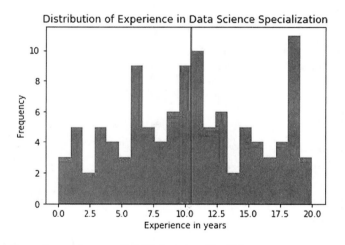

```
Mean Experience of DSS Batch: 10.435
Std Deviation of Experience of DSS Batch: 5.665
```

图8-13 数据科学专业学生的经验分布

在此之后，通过取平均值和标准差来估计工作经验，如图8-14所示。

现在来看一看样本均值的分布情况。进行1 000次抽样（NUM_TRIALS）并计算每次的均值，绘制样本均值的抽样分布图是为了确定它的取值范围。工作经验的原始数据在0～20年之间波动，如图8-15所示。

```
# Set the parameters for sampling
n = 10
NUM_TRIALS = 1000
#Estimating DSS Experience from samples
samp = np.random.choice(dss_exp, size = n, replace = True)#Just try for 1 iteration
samp_mean = samp.mean()
samp_sd = samp.std()
print("Samp_mean = {:4.3f} Sample_SD = {:4.3f}".format(samp_mean, samp_sd))
print("sample values:", samp)

Samp_mean = 10.900 Sample_SD = 5.665
sample values: [10  1 19  9  3 13 19 15 11  9]
```

图8-14　获取样本的平均值和标准差

```
#How will the distribution of Sample Mean look like
np.random.seed(100)
mn_array = np.zeros(NUM_TRIALS)
sd_array = np.zeros(NUM_TRIALS)

# Extract Random Samples and compute mean & standard deviation
for i in range(NUM_TRIALS):
    samp = np.random.choice(dss_exp, size = n, replace = True)
    mn_array[i] = samp.mean()
```

图8-15　随机取样并计算均值和标准差

为了计算平均值和标准差，在图8-14中使用了mean()和std()函数。若要计算百分比，请使用Numpy库的percentile()函数，该函数沿着指定的轴计算数据的第q百分位数，并返回数组元素的第q百分位数，如图8-16所示。

```
mn = mn_array.mean()
sd = mn_array.std()
x5_pct = np.percentile(mn_array, 5.0)
x95_pct = np.percentile(mn_array, 95.0)
print("Mean = {:4.3f}, Std Dev = {:4.3f}, 5% Pct = {:4.3f}, 95% Pct = {:4.3f}".format(mn, sd, x5_pct, x95_pct))
# Plot Sampling distribution of Mean
plt.hist(mn_array, range=(0,20), bins = 41)
# Add axis labels
plt.xlabel("Avg Experience with n={}".format(n))
plt.ylabel("Frequency")
plt.title("Sampling Distribution of Mean")
plt.axvline(x=x5_pct, linewidth=2, color = 'r')
plt.axvline(x=x95_pct, linewidth=2, color = 'r')
plt.show()
```

图8-16　绘制样本均值的抽样分布

图8-16中的代码将绘制如图8-17所示的直方图，表示数据科学专业学生的初始经验绝不符合正态分布。他们拥有5年、10年和19年的经验。图8-17是任意给定n对应的样本均值直方图。

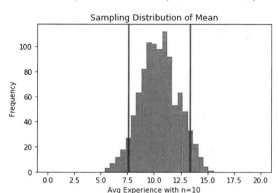

图8-17 样本均值的抽样分布图

为了找到一个可能包含未知总体参数的估计范围，即由一组给定的样本数据计算得到的估计区间，请选择样本的置信区间。在图8-18的代码单元中，会创建一个用于选择置信区间的函数。一定要记住，区间置信水平的选择决定了所产生的置信区间包含真实参数值的概率。置信水平的常见选择是0.90、0.95和0.99，这些水平对应着正态分布密度曲线面积的百分比；例如，95%的置信区间覆盖了95%的正态曲线——在该区域之外观察到值的概率小于0.05。

```
# Function to check if the true mean lies within 90% Confidence Interval
def samp_mean_within_ci(mn, l_5pct, u_95pct):
    out = True
    if (mn < l_5pct) | (mn > u_95pct):
        out = False
    return out

# Estimation and Confidence Interval
samp = np.random.choice(dss_exp, size = n, replace = True)
samp_mean = samp.mean()
samp_sd = samp.std()
# divided by sqrt(n) is done so as to compensate for the reduction in std. dev due to sample size of n
sd_ci = samp_sd/np.sqrt(n)
# Lower 90% confidence interval (This is approximate version to build intuition)
samp_lower_5pct = samp_mean - 1.645 * sd_ci
# Upper 90% confidence interval (This is approximate version to build intuition)
samp_upper_95pct = samp_mean + 1.645 * sd_ci
print("Pop Mean: {:4.3f} | Sample: L_5PCT = {:4.3f} | M = samp_mean = {:4.3f} | H_95PCT = {:4.3f}".format(dss_exp.mean(),
# Checking if the population mean lies within 90% Confidence Interval (CI)
mn_within_ci_flag = samp_mean_within_ci(dss_exp.mean(), samp_lower_5pct, samp_upper_95pct)
print("True mean lies with the 90% confidence Interval = {}".format(mn_within_ci_flag))

Pop Mean: 10.435 | Sample: L_5PCT = 7.408 | M = samp_mean = 8.800 | H_95PCT = 10.192
True mean lies with the 90% confidence Interval = False
```

图8-18 检验实际平均值是否位于90%置信区间内

检验结果如图8-19所示，这意味着在给定样本量n的情况下，我们可以估计样本均值和置信区间。置信区间的估计在n≥30且符合正态分布的情况下才有效。当n增加时，置信区间变小，这意味着所得结果的确定性更高。

```
Pop Mean: 10.435 | Sample: L_5PCT = 7.408 | M = samp_mean = 8.800 | H_95PCT = 10.192
True mean lies with the 90% confidence Intervel = False
```

图8-19　检验结果

现在把相同的概念应用到上一届学生的工作经验的数组上，以便进行假设检验。首先，如下定义本示例的假设。

- H0：本届与上一届学生的平均工作经验相同。
- H1：本届与上一届学生的平均工作经验不同。

```
# Previous Batch Data for working experience
dss_exp_prev = np.array([1, 14, 6, 7, 10, 10, 19, 15, 19, 15,
                2, 2, 14, 14, 14, 3, 0, 4, 11, 7,
                1, 2, 0, 1, 2, 2, 2, 1, 1, 2,
                4, 4, 3, 3, 3, 4, 3, 3, 7,
                8, 6, 6, 6, 7, 8, 8, 8, 8, 7,
                8, 0, 0, 7, 6, 9, 10, 9, 9, 11,
                11, 9, 10, 10, 11, 10, 11, 9, 9, 9,
                12, 14, 13, 14, 18, 14, 11, 10, 17, 20,
                18, 5, 13, 4, 2, 4, 3, 12, 12, 14,
                12, 12, 10, 14, 4, 11, 9])

avg_exp_prev = dss_exp_prev.mean()
std_exp_prev = dss_exp_prev.std()
print("Previous DSS Batch: Avg Exp - {:4.3f} Std Dev - {:4.3f}".format(avg_exp_prev, std_exp_prev))

plt.hist(dss_exp_prev, range=(0,20), bins = 21)
plt.axvline(x=dss_exp_prev.mean(), linewidth=2, color = 'r')
plt.show()

Previous DSS Batch: Avg Exp - 8.041 Std Dev - 5.034
```

图8-20　上一届的均值与标准差

从图8-20的输出结果中很容易看出，上一届的平均工作经验是8年，分布直方图为图8-21所示，而新一届学生的平均经验是10年。因此本示例的第一假设（H1）被满足，这意味着拒绝无效假设。

统计假设检验的结果可能会引人困惑，让人难以决定是接受它还是拒绝它。为了明确这一点，需要说明p值（p-value）。p值是一个用于解释或量化检验结果以及判断是否拒绝无效假设的数量值。这是通过比较p值和预先选择的阈值（称之为显著性水平）来完成的。显著性水平通常用希腊字母alpha的小写α表示。α的常用值是5%或0.05。α值越小（如1%

或 0.1%），说明对无效假设的解释就越有力。

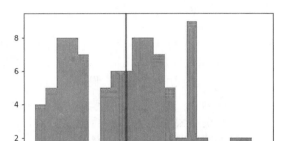

图 8-21　上一届数据科学学生的工作经验分布直方图

在下一个示例中，将根据对均值抽样分布的直觉判断进行假设检验，然后解释 p 值，如图 8-22 所示。

```
np.random.seed(100)
n = 20

dss_mean = dss_exp.mean()
dss_sd   = dss_exp.std()
print("Current DSS Batch : Population Mean - {:4.3f}".format(dss_mean))

dss_prev_samp = np.random.choice(dss_exp_prev, size = n, replace = True)
dss_prev_samp_mean = dss_prev_samp.mean()
print("Previous DSS Batch Sample Mean: {:4.3f}".format(dss_prev_samp_mean))

Current DSS Batch : Population Mean - 10.435
Previous DSS Batch Sample Mean: 8.250

from scipy import stats
t_statistic = (dss_prev_samp_mean - dss_mean)/(dss_sd/np.sqrt(n))
p_val = 2 * stats.t.cdf(t_statistic, df= (n-1))
print("T-Statistic : {:4.2f}, p-Value = {:4.2f}".format(t_statistic,p_val))

T-Statistic : -1.72, p-Value = 0.10

# For 2-tailed hypothesis testing
from scipy import stats
dss_exp_prev_samp = np.random.choice(dss_exp_prev, size = 20, replace = True)
dss_exp_samp = np.random.choice(dss_exp, size = 20, replace = True)
stats.ttest_ind(dss_exp_prev_samp, dss_exp_samp)

Ttest_indResult(statistic=-0.24857316405070548, pvalue=0.805029501016574 78)
```

图 8-22　T 检验与 p 值

在图 8-22 的代码单元中，在计算了上一届和本届学生的平均工作经验之后，使用了

`stats.ttest_ind()`函数执行t检验。t检验（也称为Student's T检验）比较两个平均值并告知它们是否有差异，还会说明这些差异有多大；换句话说，它让人们知道这些差异是否是偶然发生的。本次检验产生了一个t值，它是两组数据之间的差异与组内差异的比率。t值较大时表示两组不同，t值较小时表示两组相似。

每个t值都对应一个p值。p值是样本数据的结果为偶然出现的概率。p值在0%～100%，通常写成小数。例如，5%的p值为0.05。p值越小越好，这表明结果不是偶然出现的。因此，图8-22中的p值大于0.05且小于1.0，不能拒绝无效假设。因为p值是概率，所以当解释统计检验的结果时，不知道什么是真或假，只知道什么是有可能的。拒绝无效假设意味着有充分的统计证据证明无效假设看起来不太可能为真；否则意味着没有足够的统计证据来否定无效假设。"接受"无效假设这种表述方式意味着无效假设为真；相反，更安全的说法是，"未能拒绝"无效假设，因为没有足够的统计证据来拒绝它。

8.10 小结

本章介绍了统计学的一些核心概念。本书后续章节会介绍更多与机器学习有关的统计概念。统计在数据分析中举足轻重，不能忽视它。从统计学的角度分析问题使研究人员能够充分利用数据资源提取知识，从而获得更好的解答；统计学还允许他们使用具有可预测和可复制行为的算法来创建预测和估计的方法并量化确定性。因此，请实践在本章所学到的知识。在第9章中将学习如何导入各种形式的数据并使用它们。

第 9 章
如何在 Python 中导入数据

在进行分析之前,首先要导入数据。由于数据以各种形式存在,比如 .txt、.csv、.excel、json 等,因此导入或读取这些数据的方式有所不同,但是都可以通过 Python 轻松实现。在导入外部数据时,需要检查很多关键点,比如数据是否包含标题行、是否存在缺失值以及每个特征的数据类型等。在本章中,借助 Pandas I/O 接口,读者不仅可以学习如何读取数据,还能够了解如何将数据写入各种格式的文件。

本章结构

- 导入 TXT 数据。
- 导入 CSV 数据。
- 导入 Excel 数据。
- 导入 JSON 数据。
- 导入腌制(Pickled)数据。
- 导入压缩数据。

本章主旨

在学习本章后,读者能够成为导入、读取和提炼各种形式数据的专家。

9.1 导入TXT数据

.txt文件是一种简单的平面数据形式。要导入TXT数据，需要这种格式的数据集。为此，将导入一个真实数据集。使用从美国劳工部获得的消费者价格指数数据作为下一个示例。

将上述数据复制并保存到系统的TXT文件中并提供读取路径后，将使用Pandas的`read_table()`函数读取TXT文件，并指明文件被存储在系统中的路径（文件已被存储在E:/pg/docs/BPB/data文件夹中），如图9-1所示。

```
import pandas as pd
cpi_data = pd.read_table('E:/pg/docs/BPB/data/cpi_us.txt')
cpi_data.head()
```

	series_id	year	period	value	footnote_codes
0	APU0000701111	1995	M01	0.238	
1	APU0000701111	1995	M02	0.242	
2	APU0000701111	1995	M03	0.242	
3	APU0000701111	1995	M04	0.236	
4	APU0000701111	1995	M05	0.244	

图9-1 读取TXT文件

`pd.read_table()`函数的作用是，把所有数据导入变量`cpi_data`中。如果检查此变量的类型，如图9-2所示，将注意到这是一个Pandas数据帧。Pandas以数据帧的格式导入数据，使用索引表示行和列。这种数据类型易于进一步操作数据。

```
type(cpi_data)
pandas.core.frame.DataFrame
```

图9-2 检查cpi_data变量类型

我们可以使用`.head()`函数检查数据。Pandas的`read_table()`函数有一个用于筛选空列的内置功能，用法是传递被逗号分隔的参数。例如，在图9-1的`cpi_data`中，脚注代码是空白列。通过使用`usecols`参数，如图9-3所示，可以过滤掉不需要的列。

```
cpi_data = pd.read_table('E:/pg/docs/BPB/data/cpi_us.txt',
                         usecols=['series_id', 'year', 'period', 'value'])
cpi_data.head()
```

	series_id	year	period	value
0	APU0000701111	1995	M01	0.238
1	APU0000701111	1995	M02	0.242
2	APU0000701111	1995	M03	0.242
3	APU0000701111	1995	M04	0.236
4	APU0000701111	1995	M05	0.244

图 9-3　过滤空白列

注意事项如下。

- 始终为 read_table() 函数提供正确的文件位置。
- Pandas 的 read_table() 函数有很多参数，这些参数在按需清理数据时非常有用。

9.2　导入 CSV 数据

CSV 或逗号分隔值是保存数据的常用格式。大多数用于分析或机器学习的公共数据集是 .csv 格式的。在下一个示例中，使用犯罪数据来分析芝加哥市发生的犯罪事件。

与上一个从 .txt 文件读取数据的示例类似，可以使用 Pandas 的 read_csv() 函数导入和读取 CSV 数据，如图 9-4 所示。此函数还有内置功能。

```
crime_data = pd.read_csv('E:\pg\docs\BPB\data\Crimes_-_2001_to_present.csv')
crime_data.head()
```

	ID	Case Number	Date	Block	IUCR	Primary Type	Description	Location Description	Arrest	Domestic	...
0	10000092	HY189866	03/18/2015 07:44:00 PM	047XX W OHIO ST	041A	BATTERY	AGGRAVATED: HANDGUN	STREET	False	False	...
1	10000094	HY190059	03/18/2015 11:00:00 PM	066XX S MARSHFIELD AVE	4625	OTHER OFFENSE	PAROLE VIOLATION	STREET	True	False	...
2	10000095	HY190052	03/18/2015 10:45:00 PM	044XX S LAKE PARK AVE	0486	BATTERY	DOMESTIC BATTERY SIMPLE	APARTMENT	False	True	...
3	10000096	HY190054	03/18/2015 10:30:00 PM	051XX S MICHIGAN AVE	0460	BATTERY	SIMPLE	APARTMENT	False	False	...
4	10000097	HY189976	03/18/2015 09:00:00 PM	047XX W ADAMS ST	031A	ROBBERY	ARMED: HANDGUN	SIDEWALK	False	False	...

图 9-4　导入 CSV 数据

有时 CSV 文件中的数据量比较大（示例数据集大约为 1.47 GB）。在导入数据的过程中请耐心等待。可以注意到，在笔记本浏览器选项卡的顶部有一个时钟图标，这表示系统正忙。

9.3 导入 Excel 数据

Excel 是另一种被广泛使用的数据集格式，它以标签页的形式包含多个工作表。请使用 Pandas 的 `read_excel()` 函数，其中 `sheet_name` 参数用于从 Excel 的特定工作表中读取数据。下一个示例是有 3 个标签页——订单（Orders）、收入（Returns）和顾客（People）的超市 Excel 工作表。

![图9-5 导入Excel数据]

图 9-5　导入 Excel 数据

在图 9-5 中，仅仅导入了超市 Superstore（.xls）文件中订单表格簿的数据。

9.4 导入 JSON 数据

JSON 格式是当今 API 世界中非常受欢迎的数据交换格式之一。要处理 JSON 结构的数据，可以使用 Pandas 的 `read_json()` 函数和 `orient` 参数来读取，如图 9-6 所示。

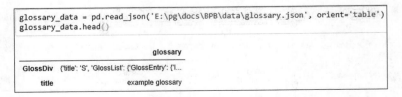

图 9-6　导入 JSON 数据

此处orient参数的值可以是split、records、index、columns。建议在自己的笔记本中试一试这些值，看一看输出有何不同。请注意，如果遇到keyerror:'schema'之类的错误，请将Pandas的版本更新为v0.23，因为orient='table'参数在旧版本的Pandas中存在一些问题。

9.5 导入腌制数据

Python中的任何对象都可以进行腌制（Pickled），以便将其保存在磁盘上。腌制的作用是在把对象写入文件之前先将其"序列化"，其思想是该字符流包含另一个Python脚本中重建对象所需的全部信息。在应用机器学习时需要多次训练模型，腌制有助于此过程中节省训练时间。一旦腌制好训练模型，就可以把这个训练模型分享给他人，而不需要再浪费时间训练模型，稍后将讨论这部分内容。现在来学习如何使用Pandas读取腌制文件，如图9-7所示。

```
import pandas as pd
unpickled_data = pd.read_pickle("E:/pg/docs/BPB/data/mnist.pkl")
print("data type::", type(unpickled_data))
for index, digit in enumerate(unpickled_data):
    print(index, ":", digit)

data type:: <class 'tuple'>
0 : (array([[0., 0., 0., ..., 0., 0., 0.],
       [0., 0., 0., ..., 0., 0., 0.],
       [0., 0., 0., ..., 0., 0., 0.],
       ...,
```

图9-7　导入腌制数据

9.6 导入压缩数据

下一个示例的数据是压缩格式的。ZIP文件格式是一种常见的存档和压缩标准。那么如何解压缩文件以便读取数据呢？为此，Python提供了zipfile模块，该模块包含创建、读取、写入、扩展和罗列ZIP文件的工具。作为示例，将解压缩非洲地区的土壤数据，如图9-8所示。

```
import zipfile
Dataset = "africa_soil_train_data.zip"
with zipfile.ZipFile("E:/pg/bpb/BPB-Publications/Datasets/"+Dataset,"r") as z:
    z.extractall("E:/pg/bpb/BPB-Publications/Datasets")
```

图9-8　导入压缩文件

图9-8中的代码会根据指定的路径解压缩文件；在本示例中，解压缩后的文件是CSV格式，这样就可以使用Pandas的`read_csv()`函数轻松进行读取。`zipfile`模块有很多内置参数。

9.7 小结

数据导入是获取数据的第一步。本章介绍了如何导入各种格式的数据。以不恰当的数据类型加载数据集会导致无法继续下一步。作为一名数据科学家，读者可能会发现大部分数据集都是CSV格式的，因此Pandas的`read_csv()`函数将是读者在数据导入过程中的得力助手。在笔记本中练习得越多，就会学到越多，因此请探索使用不同的参数导入数据并查看结果。第10章将介绍数据清洗处理。

第10章
清洗导入的数据

在开始分析之前,需要将原始数据转换为干净的形式。数据科学家会花费80%的工作时间来清洗和处理数据,这个过程也被称为数据整理(Data Wrangling)。机器学习模型的准确性取决于它所应用的数据的质量。因此,数据清洗对于任何数据科学家来说都是至关重要的一步。本章会探讨几个案例研究,并指引读者应用在前几章中学到的知识来清洗数据。

本章结构

- 了解数据。
- 分析缺失值。
- 丢弃缺失值。
- 自动填充缺失值。
- 如何缩放和归一化数据。
- 如何解析日期。
- 如何应用字符编码。
- 清洗不一致的数据。

本章主旨

在学习本章后,读者能够掌握数据清洗处理的实用知识。

10.1　了解数据

了解业务问题是工作的第一步，然后再查看业务团队或客户提供的数据。国家足球联盟（National Football League，NFL）数据研究是本章的第一个案例研究，请从本书的存储库获取数据。数据科学家的首要任务是在笔记本中读取数据。

由于数据是 ZIP 格式的，因此第一步是使用 Pandas 的 .zipfile() 函数并提供文件在系统中的正确存储位置来解压缩和读取数据，如图 10-1 所示。

```
# unzipping nfl zip data
import zipfile
Dataset = "NFL Play by Play 2009-2017 (v4).csv.zip"
with zipfile.ZipFile("E:/pg/bpb/BPB-Publications/Datasets/"+Dataset,"r") as z:
    z.extractall("E:/pg/bpb/BPB-Publications/Datasets")

# unzipping building permit zip data
import zipfile
Dataset2 = "Building_Permits.csv.zip"
with zipfile.ZipFile("E:/pg/bpb/BPB-Publications/Datasets/"+Dataset2,"r") as z:
    z.extractall("E:/pg/bpb/BPB-Publications/Datasets")

# import required modules
import pandas as pd
import numpy as np

# reading NFL data
nfl_data = pd.read_csv("E:/pg/bpb/BPB-Publications/Datasets/NFL Play by Play 2009-2017 (v4).csv", low_memory=False)
building_permits = pd.read_csv("E:/pg/bpb/BPB-Publications/Datasets/Building_Permits.csv", low_memory=False)
```

图 10-1　解压缩并读取数据

请注意，在使用 Pandas 的 read_csv() 函数读取数据时要传递 low_memory 参数；否则，将收到 low_memory 警告，因为猜测每列的数据类型要耗费大量内存，Pandas 试图通过分析每一列的数据来确定要设置的数据类型，并且只能在读完整个文件后才能确定每列的数据类型。这意味着除非愿意冒着在读取某一列最后一个值时该列的数据类型发生变化的风险，否则在读完整个文件之前，Pandas 不能真正地解析任何数据。现在可以使用 low_memory 参数并将参数值设置为 False 来确保数据类型不发生这种混乱。

在读取数据之后，就可以查看数据，以便了解它的特征。为此，可以使用 .head() 或 .sample() 函数。既然已经了解了如何使用 .head() 函数，那么接下来将使用 .sample() 函数查看数据，如图 10-2 所示。

数据以表格形式显示，有些列包含 NaN 值，这些值被称为缺失值（Missing Value）。在 building_permits 数据帧中使用相同的函数查看数据，如图 10-3 所示。

```
# looking up the data
nfl_data.sample(5)
```

	Date	GameID	Drive	qtr	down	time	TimeUnder	TimeSecs	PlayTimeDiff	SideofField	...	yacEPA	Home_WP_pre
219237	2013-12-15	2013121507	20	4	NaN	03:07	4	187.0	0.0	NO	...	NaN	0.955040
113588	2011-11-13	2011111302	20	4	1.0	11:16	12	676.0	1.0	HOU	...	NaN	0.010379
214092	2013-12-05	2013120500	13	3	2.0	14:20	15	1760.0	19.0	HOU	...	0.228558	0.783278
299928	2015-11-26	2015112601	17	4	NaN	04:17	5	257.0	4.0	DAL	...	NaN	NaN
277934	2015-09-27	2015092703	16	3	1.0	11:45	12	1605.0	5.0	TB	...	NaN	0.482456

5 rows × 102 columns

图10-2 使用sample()函数查看数据

```
building_permits.sample(5)
```

	Permit Number	Permit Type	Permit Type Definition	Permit Creation Date	Block	Lot	Street Number	Street Number Suffix	Street Name	Street Suffix	...	E Constr
106029	201511162641	8	otc alterations permit	11/16/2015	1744	006	1237	NaN	06th	Av	...	
98590	201509116784	8	otc alterations permit	09/11/2015	0690	116	1	NaN	Daniel Burnham	Ct	...	
45517	201404213721	8	otc alterations permit	04/21/2014	1081	048	2549	NaN	Post	St	...	
136805	201609157776	8	otc alterations permit	09/15/2016	6534	010A	454	NaN	Fair Oaks	St	...	
74940	201502057581	8	otc alterations permit	02/05/2015	3538	040	63	NaN	Noe	St	...	

5 rows × 43 columns

图10-3 使用sample()函数查看数据帧

10.2 分析缺失值

在读取数据后，我们发现这两个数据集都有缺失值。下一步是计算每一列中有多少缺失值。Pandas有 `.isnull()` 函数用以计算空值。由于`nfl_data`的列数高达102，因此仅分析前10列中的缺失值，如图10-4所示。

```
# getting the number of missing values per column
missing_values_count = nfl_data.isnull().sum()
# looking at first 10 columns missing values in nfl dataset
missing_values_count[0:10]

Date                 0
GameID               0
Drive                0
qtr                  0
down             61154
time               224
TimeUnder            0
TimeSecs           224
PlayTimeDiff       444
SideofField        528
dtype: int64
```

图10-4 分析前10列的缺失值

每一列的名称所对应的数字表示这一列缺失值的数量——看起来似乎很多！如此多的缺失值以至于无法无视它们。查看数据集中缺失值所占的百分比可能会有所帮助，以便更好地了解问题的规模。计算这个百分比要借助于 Numpy 的 .prod() 和 Pandas 的 shape 函数组合，如图10-5所示。

```
# how many total missing values do we have in nfl_data
total_cells = np.prod(nfl_data.shape)
total_missing = missing_values_count.sum()
# percent of data that is missing
(total_missing/total_cells) * 100

24.87214126835169
```

图10-5 计算缺失值所占百分比

结果令人震惊，nfl_data 数据集中几乎四分之一的单元格是空的！现在轮到读者将相同的步骤应用到 building_permits 数据集中并检查缺失值的百分比。

接下来将仔细查看一些存在缺少值的列，并试图找出它们可能发生了什么。数据科学的这一步意味着要密切关注数据，并试图弄清楚为什么会这样，以及这如何影响分析。为了处理缺失值，需要使用直觉找出缺失值的原因。

为了弄清楚这个问题，数据科学家必须提出的下一个问题是——值缺失是因为没有记录，还是它根本就不存在？

第一种情况，如果一个值缺失了是因为它不存在（如一个没有孩子的人的最大孩子的身高），那么尝试推测可能的值是没有任何意义的。这些值可能还是保持为 NaN。第二种情况，如果某个值因未记录而缺失，那么可以尝试根据同一列或行中的其他值来猜测它可能是什么。这叫作归责（Imputation），将在后续章节中学习。

在 nfl_data 数据集中，如果检查 TimeSecs 列，它总计含有 224 个缺失值，原因是数据没有被记录，而不用考虑这些列中的数据是否存在，则试着去推测它们应该是什么值，而不仅仅把它们记作 Na 或 NaN。另外，还有其他的字段，比如 PenalizedTeam 也有很多缺失值。在这种情况下，虽然字段值缺失了，但是如果没有罚球，那么说哪支球队被罚是没有意义的；对于这一列，将其保留为空或使用其他值（如 None）替换 Na 会更有意义。

到目前为止，必须明白读取和理解数据是一个乏味的过程。想象一下每天都要进行如此仔细的数据分析的情景：在分析每一列数据之前，必须逐个查看，直到找出填充这些缺失值的最佳策略。现在轮到读者使用类似的方法查看 building_permits 数据集中的 Street Number Suffix 和 Zipcode 列，这两列都包含缺失值，它们中的哪一个存在缺失值的原因是数值不存在，哪一个是因为数据没有记录？

10.3　丢弃缺失值

如果没有找到造成数值缺失的原因，那么最后一个选择就是删除包含缺失值的行或列。但是对于重要的项目不建议这样做！通常重要的项目值得花费一些时间检查数据，仔细逐个查看所有缺失值的列并理解数据集。一开始这可能会令人烦躁，但是习惯后最终会帮助读者成为一名更好的数据科学家。

Pandas 有一个便捷的 dropna() 函数来帮助删除缺失值。但是请保持警惕！在使用此函数时如果不传递任何参数，那么在数据集中的每一行至少存在一个缺失值的情况下，它将删除所有数据。为了避免这种情况发生，可以在函数中使用 axis 参数，数值 1 表示按列删除。此外，还要检查在丢弃数据集的缺失值之前和之后的变化，如图 10-6 所示。

```
# remove all columns with at least one missing value
columns_with_na_dropped = nfl_data.dropna(axis=1)
columns_with_na_dropped.head()

# checking how much data did we lose?
print("Columns in original dataset:", nfl_data.shape[1])
print("Columns with missing values dropped:", columns_with_na_dropped.shape[1])

Columns in original dataset: 102
Columns with missing values dropped: 41
```

图 10-6　丢弃缺失值

通过传递 axis=1 作为参数，能够删除存在一个或多个缺失值的列。

虽然损失了很多数据，但在这时也成功地从 nfl 数据中删除了所有的 NaN。现在轮到读者来尝试从 building_permits 数据集中删除包含缺失值的所有行，并查看还剩余多少行，然后尝试删除含有空值的所有列，再检查还剩余多少数据？

10.4　自动填充缺失值

除丢弃缺失值之外，还有另一个选项——填充这些值。为此，Pandas的`fillna()`函数提供了一个使用自选值替换NaN值的选项。在作为示例的`nfl_data`数据集中，将使用0替换所有的NaN值。因为已经删除/丢弃了含有NaN值的列，因此在应用该函数之前，从EPA到Season列中选择一个数据的子集视图，这样就可以在笔记本中把它打印出来。为了获得该子集，可以使用`.loc()`函数并在函数中的逗号之后传递列的索引范围；`.loc()`函数中逗号之前的冒号表示子集所有行的数据，如图10-7所示。

```
# get a small subset of the NFL dataset
subset_nfl_data = nfl_data.loc[:, 'EPA':'Season'].head()
subset_nfl_data
# replace all NA's with 0
subset_nfl_data.fillna(0)
```

	EPA	airEPA	yacEPA	Home_WP_pre	Away_WP_pre	Home_WP_post	Away_WP_post	Win_Prob	WPA	airWPA	yacWPA	Season
0	2.014474	0.000000	0.000000	0.485675	0.514325	0.546433	0.453567	0.485675	0.060758	0.000000	0.000000	2009
1	0.077907	-1.068169	1.146076	0.546433	0.453567	0.551088	0.448912	0.546433	0.004655	-0.032244	0.036899	2009
2	-1.402760	0.000000	0.000000	0.551088	0.448912	0.510793	0.489207	0.551088	-0.040295	0.000000	0.000000	2009
3	-1.712583	3.318841	-5.031425	0.510793	0.489207	0.461217	0.538783	0.510793	-0.049576	0.106663	-0.156239	2009
4	2.097796	0.000000	0.000000	0.461217	0.538783	0.558929	0.441071	0.461217	0.097712	0.000000	0.000000	2009

图10-7　使用0替换数据子集中的NaN值

在本书存储库的代码文件夹中，作者准备并共享了另一个示例来检查`nfl_data`中缺失值的总和与百分比。在执行完上文的示例操作之后，数据集的变化令人惊喜。自动填充缺失值的第二个选项是将缺失值替换成同一列中在它之后（下一行）的数值。这对于数据集来说很有意义，因为视觉上来看它们存在某种逻辑顺序，如图10-8所示。

```
# replace all NaN's the value that comes directly after it in the same column,
# then replace all the reamining NaN's with 0
subset_nfl_data.fillna(method = 'bfill', axis=0).fillna(0)
```

	EPA	airEPA	yacEPA	Home_WP_pre	Away_WP_pre	Home_WP_post	Away_WP_post	Win_Prob	WPA	airWPA	yacWPA	Season
0	2.014474	-1.068169	1.146076	0.485675	0.514325	0.546433	0.453567	0.485675	0.060758	-0.032244	0.036899	2009
1	0.077907	-1.068169	1.146076	0.546433	0.453567	0.551088	0.448912	0.546433	0.004655	-0.032244	0.036899	2009
2	-1.402760	3.318841	-5.031425	0.551088	0.448912	0.510793	0.489207	0.551088	-0.040295	0.106663	-0.156239	2009
3	-1.712583	3.318841	-5.031425	0.510793	0.489207	0.461217	0.538783	0.510793	-0.049576	0.106663	-0.156239	2009
4	2.097796	0.000000	0.000000	0.461217	0.538783	0.558929	0.441071	0.461217	0.097712	0.000000	0.000000	2009

图10-8　使用同列的后序值替换NaN

请在`building_permits`数据集中尝试相同的步骤并探索如何自动填充缺失值！

10.5　如何缩放和归一化数据

大多数机器学习算法不接受数据集的原始数值特征，需要在特定范围内调整数值。例如，读者可能正在查看某些产品的卢比和美元价格。一美元大约价值70卢比，但如果不按比例缩放价格，则一些机器学习算法会认为1卢比的差价与1美元的差价等同！这显然不符合我们对这个世界的直觉看法。货币与货币之间可以相互转换。那如果查看的是身高和体重呢？多少磅等同于一英寸（或者多少公斤等于一米）并不完全清楚。

本章的第二个案例是研究Kickstarter项目数据集——ks-projects-201612.csv，可以从本书的存储库中下载该数据集。Kickstarter是一个由一千多万名创意和技术爱好者组成的社区，他们帮助创意项目落地。到目前为止，成员们已经募集了30多亿美元来资助创意项目。这些项目可以是任何东西——设备、游戏、应用程序和电影等。Kickstarter运作于"全有或全无"的基础上，也就是说，如果项目没有达成目标，则项目所有者什么也得不到，例如，如果一个项目的募资目标是500美元，即使得到了499美元的资助，这个项目也不算成功。在该数据集中，会转化数值变量的值，以使转换后的数据点具有特定的有用属性。

这些转化技术是缩放（Scaling）和归一化（Normalization）。这两种技术之间的区别是，缩放是更改数据的范围，而归一化是更改数据分布的形状。为了理解这两种技术的输出结果，还需要进行可视化，因此会使用一些可视化库。接下来逐一了解。

对于缩放，首先需要安装`mlxtend`库，这是一个提供日常数据科学工具的Python库。若要安装，请打开Anaconda Prompt并运行`conda install-c conda forge mlxtend`命令，然后按照说明进行操作。

在安装好所需库后，读取所下载的数据，如图10-9所示，输出结果如图10-10所示。

```python
import pandas as pd
import numpy as np

# for Box-Cox Transformation
from scipy import stats

# for min_max scaling
from mlxtend.preprocessing import minmax_scaling

# for visualization
import seaborn as sns
import matplotlib.pyplot as plt

# reading kickstarters project data
kickstarters_2017 = pd.read_csv("E:/pg/bpb/BPB-Publications/Datasets/ks-projects-201801.csv")
# set seed for reproducibility
np.random.seed(0)
kickstarters_2017.head()
```

图10-9　读取数据

图10-10 输出结果

	ID	name	category	main_category	currency	deadline	goal	launched	pledged	state	backers	country	usd pledged
0	1000002330	The Songs of Adelaide & Abullah	Poetry	Publishing	GBP	2015-10-09	1000.0	2015-08-11 12:12:28	0.0	failed	0	GB	0.0
1	1000003930	Greeting From Earth: ZGAC Arts Capsule For ET	Narrative Film	Film & Video	USD	2017-11-01	30000.0	2017-09-02 04:43:57	2421.0	failed	15	US	100.0
2	1000004038	Where is Hank?	Narrative Film	Film & Video	USD	2013-02-26	45000.0	2013-01-12 00:20:50	220.0	failed	3	US	220.0
3	1000007540	ToshiCapital Rekordz Needs Help to Complete Album	Music	Music	USD	2012-04-16	5000.0	2012-03-17 03:24:11	1.0	failed	1	US	1.0
4	1000011046	Community Film Project: The Art of	Film & Video	Film & Video	USD	2015-08-29	19500.0	2015-07-04 08:35:03	1283.0	canceled	14	US	1283.0

缩放变量有助于平等地比较不同的变量。为了加深对缩放的理解，可以从缩放数据集中每个活动的目标开始，即需要募集多少钱，如图10-11所示。

```
# select the usd_goal_real column
usd_goal = kickstarters_2017.usd_goal_real

# scale the goals from 0 to 1
scaled_data = minmax_scaling(usd_goal, columns = [0])

# plot the original & scaled data together to compare
fig, ax=plt.subplots(1,2)
sns.distplot(kickstarters_2017.usd_goal_real, ax=ax[0])
ax[0].set_title("Original Data")
sns.distplot(scaled_data, ax=ax[1])
ax[1].set_title("Scaled data")
plt.show()
```

图10-11 缩放数据并比较

在运行图10-11的单元代码后，将出现如图10-12所示的图形。

从图10-12可以看到，缩放显著地改变了绘图的比例，但并没有改变数据的形状，因此可以得出结论，看起来大多数活动的目标比较低，仅有少数活动的目标比较高。

缩放仅仅更改数据的范围。而归一化是一种更激进的转化，其目的是改变观察结果，以致于它们可以被描述为正态分布。请记住，正态分布是一种特殊的统计分布，其观测结果相对平均地分布在平均值的上下，平均值和中位数相同，并且平均值附近的观测值更多。正态分布也被称为高斯分布（Gaussian Distribution）。

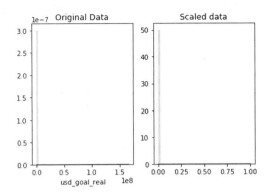

图10-12 对比结果

用来归一化的方法叫作Box-Cox变换。在Kickstarter数据示例中,会把每个活动认捐的金额归一化,如图10-13所示。

```
# get the index of all positive pledges (Box-Cox only takes postive values)
index_of_positive_pledges = kickstarters_2017.usd_pledged_real > 0

# get only positive pledges (using their indexes)
positive_pledges = kickstarters_2017.usd_pledged_real.loc[index_of_positive_pledges]

# normalize the pledges (w/ Box-Cox)
normalized_pledges = stats.boxcox(positive_pledges)[0]

# plot both together to compare
fig, ax=plt.subplots(1,2)
sns.distplot(positive_pledges, ax=ax[0])
ax[0].set_title("Original Data")
sns.distplot(normalized_pledges, ax=ax[1])
ax[1].set_title("Normalized data")
plt.show()
```

图10-13 归一化数据并对比

在运行完图10-13中的代码后,将看到结果如图10-14所示。

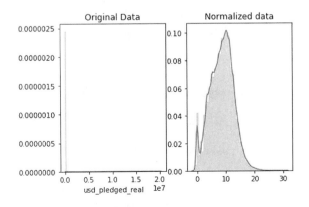

图10-14 对比结果

归一化后的结果并不完美——看起来有很多活动的认捐金额比较小，但它更接近正常情况！现在轮到读者来把相同的方法应用到 Pledged 列，出现了相同的信息吗？

10.6 如何解析日期

很多数据集有日期列，有时可能需要处理诸如获取特定月份或日期的交易数据的需求。在这种情况下，必须知道如何解析日期。为此，将把自然灾害数据集作为案例研究，从中学习如何解析日期。现在导入所需模块并加载数据集，如图10-15所示。

```
import pandas as pd
import numpy as np
import seaborn as sns
import datetime

# read in our data
earthquakes = pd.read_csv("E:/pg/bpb/BPB-Publications/Datasets/database.csv")
landslides = pd.read_csv("E:/pg/bpb/BPB-Publications/Datasets/catalog.csv")
volcanos = pd.read_csv("E:/pg/bpb/BPB-Publications/Datasets/database.csv")

# set seed for reproducibility
np.random.seed(0)
```

图10-15　导入模块并读取数据集

如果使用 .head() 函数检查 landslides 数据帧，那么会看到有一个日期（date）列，将在此构建示例，如图10-16所示。

```
landslides.head()
```

	id	date	time	continent_code	country_name	count
0	34	3/2/07	Night	NaN	United States	
1	42	3/22/07	NaN	NaN	United States	
2	56	4/6/07	NaN	NaN	United States	
3	59	4/14/07	NaN	NaN	Canada	
4	61	4/15/07	NaN	NaN	United States	

5 rows × 23 columns

图10-16　landslides 数据帧

请查看数据，可以发现日期列包含日期，但是 Python 知道它们是日期吗？现在用 `.info()` 函数来验证每一列的数据类型，如图 10-17 所示。

```
landslides.info()
<class 'pandas.core.frame.DataFrame'>
RangeIndex: 1693 entries, 0 to 1692
Data columns (total 23 columns):
id                1693 non-null int64
date              1690 non-null object
time              629 non-null object
continent_code    164 non-null object
```

图 10-17　验证数据类型

日期列的数据类型有点奇怪。默认情况下，Pandas 使用 `object` 数据类型来存储各种类型的数据。当看到一个数据类型为 `object` 的列时，意味着该列包含字符串。为了把 `object` 数据类型转换为日期对象，将使用 Pandas 的 `to_datetime()` 函数解析日期值，如图 10-18 所示。

```
# create a new column, date_parsed, with the parsed dates
landslides['date_parsed'] = pd.to_datetime(landslides['date'], format = "%m/%d/%y")
# print the first few rows
landslides['date_parsed'].head()

0    2007-03-02
1    2007-03-22
2    2007-04-06
3    2007-04-14
4    2007-04-15
Name: date_parsed, dtype: datetime64[ns]
```

图 10-18　解析日期

数据类型 `object` 现在转换为 `datetime64` 格式，这是存储日期的标准格式。如果要从 `date_parsed` 列中提取日期中的天数，请使用 `.dt.day` 函数，如图 10-19 所示。

```
# get the day of the month from the date_parsed column
day_of_month_landslides = landslides['date_parsed'].dt.day
day_of_month_landslides

0     2.0
1    22.0
2     6.0
3    14.0
4    15.0
5    20.0
```

图 10-19　获取日期中的天数

请使用同样的方法，尝试从 `volcanos` 数据集中提取日期中的天数。

10.7 如何应用字符编码

字符编码是一组特定的规则，用于从原始二进制字节字符串（看起来像01101000001101000）映射到构成人类可读文本的字符（如hello）。有很多不同的技术用以编码二进制数据集，如果不知道写入数据时的原始编码技术，硬生生地将数据转换为文本，那么最终会得到乱码文本。

在Python 3中处理文本时，将遇到两种主要的数据类型：一个是字符串，这是文本的默认类型；另一个是字节数据类型，这是整数序列。大部分数据集可能使用UTF-8编码，这也是Python默认解译的编码技术，因此在大多数情况下不会遇到问题。但是有时会出现以下错误信息。

Unicode解码错误：UTF-8编码译码器无法解码位置11处的0x99字节：无效起始字节。

为了理解这个信息，再次研究Kickstarts项目，但这次尝试读取201612.csv文件，如图10-20所示。

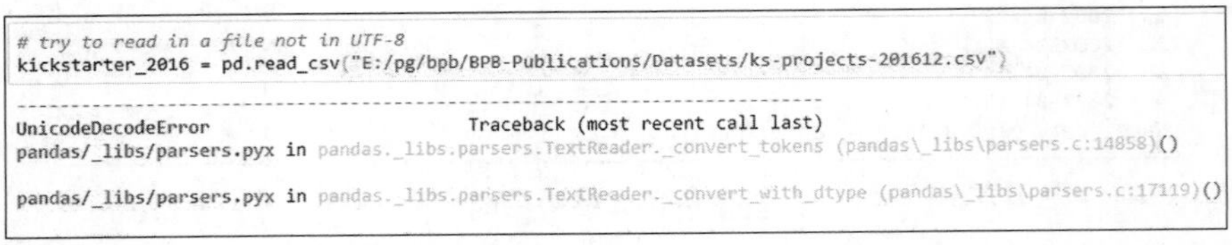

```
# try to read in a file not in UTF-8
kickstarter_2016 = pd.read_csv("E:/pg/bpb/BPB-Publications/Datasets/ks-projects-201612.csv")
-----------------------------------------------------------------------
UnicodeDecodeError                        Traceback (most recent call last)
pandas/_libs/parsers.pyx in pandas._libs.parsers.TextReader._convert_tokens (pandas\_libs\parsers.c:14858)()

pandas/_libs/parsers.pyx in pandas._libs.parsers.TextReader._convert_with_dtype (pandas\_libs\parsers.c:17119)()
```

图10-20　读取非UTF-8编码的文件

要解决此错误，需要在读取文件时传入正确的编码。请使用 `chardet` 模块检查已经下载的2018版项目文件的编码技术，如图10-21所示。

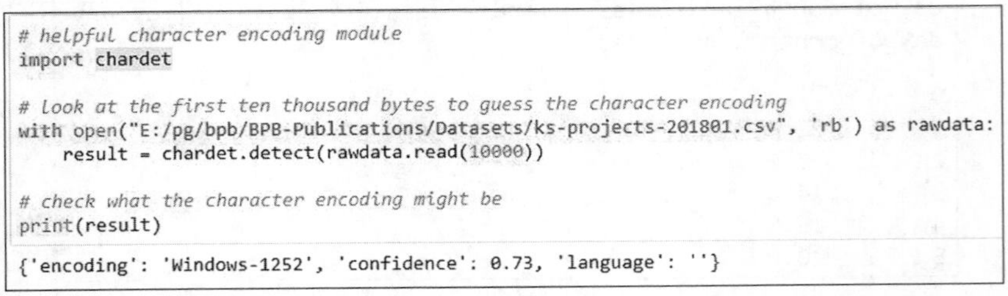

```
# helpful character encoding module
import chardet

# look at the first ten thousand bytes to guess the character encoding
with open("E:/pg/bpb/BPB-Publications/Datasets/ks-projects-201801.csv", 'rb') as rawdata:
    result = chardet.detect(rawdata.read(10000))

# check what the character encoding might be
print(result)

{'encoding': 'Windows-1252', 'confidence': 0.73, 'language': ''}
```

图10-21　检查编码技术

编码是windows-1252，置信度为73%。看一看是否正确，如图10-22所示。

```
# read in the file with the encoding detected by chardet
kickstarter_2016 = pd.read_csv("E:/pg/bpb/BPB-Publications/Datasets/ks-projects-201612.csv",
                               encoding='Windows-1252', low_memory=False)
# look at the first few lines
kickstarter_2016.head()
```

	ID	name	category	main_category	currency	deadline	goal	launched	pledged	state	ba
0	1000002330	The Songs of Adelaide & Abullah	Poetry	Publishing	GBP	2015-10-09 11:36:00	1000	2015-08-11 12:12:28	0	failed	
1	1000004038	Where is Hank?	Narrative Film	Film & Video	USD	2013-02-26 00:20:50	45000	2013-01-12 00:20:50	220	failed	

图10-22　使用windows-1252编码读取文件

10.8　清洗不一致的数据

有时可能会在数据集中遇到重复的数据项，如Karachi和Karachi ，其中第二个数据中有空格；或是像在下一个示例中出现城市名称相同但大小写不同的情况。这些不一致的类型需要被清除。为了理解这种情况，将研究巴基斯坦发生自杀式袭击的样本数据集。导入自杀式袭击数据集并查找不一致的列，如图10-23所示。

```
# read in our dat
suicide_attacks = pd.read_csv("E:/pg/bpb/BPB-Publications/Datasets/PakistanSuicideAttacks Ver 11 (30-November-2017).csv",
                              encoding='Windows-1252')
suicide_attacks.head()
```

	S#	Date	Islamic Date	Blast Day Type	Holiday Type	Time	City	Latitude	Longitude	Province	...	Targeted Sect if any	Killed Min	Killed Max	Injured Min	Injured Max	N Su B
0	1	Sunday-November 19-1995	25 Jumaada al-THaany 1416 A.H	Holiday	Weekend	NaN	Islamabad	33.7180	73.0718	Capital	...	None	14.0	15.0	NaN	60	
1	2	Monday-November 6-2000	10 SHa'baan 1421 A.H	Working Day	NaN	NaN	Karachi	24.9918	66.9911	Sindh	...	None	NaN	3.0	NaN	3	

图10-23　导入suicide_attacks数据集

因为关注点是不一致性，所以聚焦City列，如图10-24所示。

通过将每个字母转换成小写和删除单元格首尾处的空白来格式化每个单元格数据。可以使用str模块的`lower()`和`strip()`函数轻松完成此操作。因字母大写和尾随空格造成的不一致在文本数据中非常常见。参照图10-25操作后，可以修复80%的文本数据输入不一致的问题。

```
# get all the unique values in the 'City' column
cities = suicide_attacks['City'].unique()

# sort them alphabetically and then take a closer look
cities.sort()
cities

array(['ATTOCK', 'Attock ', 'Bajaur Agency', 'Bannu', 'Bhakkar ', 'Buner',
       'Chakwal ', 'Chaman', 'Charsadda', 'Charsadda ', 'D. I Khan',
       'D.G Khan', 'D.G Khan ', 'D.I Khan', 'D.I Khan ', 'Dara Adam Khel',
       'Dara Adam khel', 'Fateh Jang', 'Ghallanai, Mohmand Agency ',
       'Gujrat', 'Hangu', 'Haripur', 'Hayatabad', 'Islamabad',
       'Islamabad ', 'Jacobabad', 'KURRAM AGENCY', 'Karachi', 'Karachi ',
```

图10-24 获取City列的数据

```
# convert to lower case
suicide_attacks['City'] = suicide_attacks['City'].str.lower()
# remove trailing white spaces
suicide_attacks['City'] = suicide_attacks['City'].str.strip()
```

图10-25 修复不一致的文本数据

10.9 小结

如果仔细阅读了本章并在自己的笔记本中实践了所学内容，那么在本章结束时，读者已经掌握了数据清洗处理的实用知识。谈到掌握数据科学学科，还有许多技术需要学习。在不同的数据集中实践了本章所介绍的技术之后，能够获得足以在数据科学领域保持领先地位的竞争技能。所以，坚持每天练习并探索更多的技巧。第11章将详细介绍数据可视化。

第11章
数据可视化

数据非常强大,仅仅通过查阅大量的数字和统计数据来完全理解大型数据集并不是一件容易的事情。为了便于理解,需要对数据进行分类和处理。众所周知,人脑处理视觉内容要比处理纯文本效率高。这就是数据可视化(Data Visualization)是数据科学的核心技能之一的原因。简单地说,可视化就是以肉眼可见的形式表示数据。可视化的形式可以是图表、图形、列表或地图等。在本章中,将进行案例研究,并在 Python 的 `matplotlib` 和 `seaborn` 库以及 Pandas 的帮助下学习绘制不同类型的图表。

本章结构

- 条形图。

- 折线图。

- 直方图。

- 散点图。

- 堆积图。

- 箱线图。

本章主旨

在学习本章后,读者能够成为使用 Pandas 进行可视化的专家。

11.1　条形图

条形图是一种简单的数据可视化方式。它们将类别映射到数字，这就是条形图能够很好地展示不同组数据的比较情况的原因。现在将使用 Wine Reviews Points 数据集以了解如何绘制条形图，可以从本书的存储库中下载 ZIP 格式的数据集。在该数据集中，对世界葡萄酒生产区（类别）与所生产的葡萄酒标签数量（数量）进行比较。加载此 ZIP 文件并解压缩，然后按照在第 9 章中学到的步骤读取文件，如图 11-1 所示。

```
import zipfile
Dataset = "winemag-data_first150k.csv.zip"
with zipfile.ZipFile("E:/pg/bpb/BPB-Publications/Datasets/"+Dataset,"r") as z:
    z.extractall("E:/pg/bpb/BPB-Publications/Datasets")
```

图 11-1　导入 Wine Reviews Points 数据集

现在提取了 CSV 文件并将其存储在 .extractall() 函数中提到的位置。读取 CSV 文件并将数据存储在 Pandas 的数据帧变量中，如图 11-2 所示。

```
import pandas as pd
reviews_df = pd.read_csv("E:/pg/bpb/BPB-Publications/Datasets/winemag-data_first150k.csv", index_col=0)
reviews_df.head(5)
```

	country	description	designation	points	price	province	region_1	region_2	variety	winery
0	US	This tremendous 100% varietal wine hails from ...	Martha's Vineyard	96	235.0	California	Napa Valley	Napa	Cabernet Sauvignon	Heitz
1	Spain	Ripe aromas of fig, blackberry and cassis are ...	Carodorum Selección Especial Reserva	96	110.0	Northern Spain	Toro	NaN	Tinta de Toro	Bodega Carmen Rodríguez
2	US	Mac Watson honors the memory of a wine once ma...	Special Selected Late Harvest	96	90.0	California	Knights Valley	Sonoma	Sauvignon Blanc	Macauley
3	US	This spent 20 months in 30% new French oak, an...	Reserve	96	65.0	Oregon	Willamette Valley	Willamette Valley	Pinot Noir	Ponzi

图 11-2　读取文件并存储在数据帧中

假设想了解哪个地区生产的葡萄酒比世界上任何其他地区都多，那么可以使用条形图进行比较，如图 11-3 所示。

从图 11-3 中可以看出，加州（California）生产的葡萄酒比世界上任何其他地区都多！通过这种可视化，可以向客户演示图表，而不是展示统计代码。这就是数据可视化的美妙之处。现在回到实际的代码中，将 matplotlib.pyplot 作为主要的绘图库；接下来，使用 value_counts() 函数按降序查找出现在 province 列中的值的频率；为了用名称标记 x 轴和 y 轴，请使用 pyplot 的 xlabel() 和 ylabel() 函数；最后使用 show() 函数来显示图形。

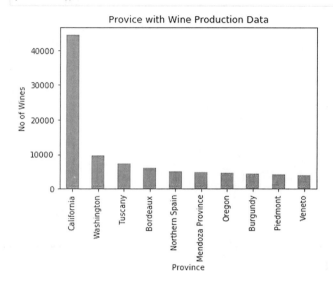

图 11-3　绘制条形图

11.2　折线图

折线图是一种将数据信息显示为由直线段连接起来的一系列数据点（称之为标记）的图表。折线图用于显示连续间隔或时间段内的定量值，常用于显示趋势和分析数据如何随时间变化。在本节示例中，将使用 plot.line() 函数绘制折线图并了解葡萄酒的品鉴得分，如图 11-4 所示。

图 11-4 中的葡萄酒品鉴数据集的 points 表示 *WineEnthusiast* 杂志在 1～100 分范围内对葡萄酒进行评级的得分。从该折线图中可以很容易地看出，接近 20 000 种葡萄酒的品鉴得分是 87 分。

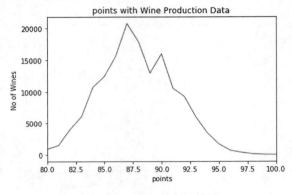

图 11-4　绘制折线图

11.3　直方图

直方图看起来像条形图。事实上,直方图是一种特殊的条形图,它将数据分割成偶数个区间,并用条形展示每个区间有多少行。在分析上,唯一的区别是,直方图的每个条形不表示单个值,而是表示值的范围。然而,直方图有一个主要缺点,因为它们将空间分割成偶数个间隔,所以不能很好地处理偏斜数据(在某一边有一条长长的尾巴)。举个例子,现在来检查价格(price)低于200美元的葡萄酒的数量,如图11-5所示。

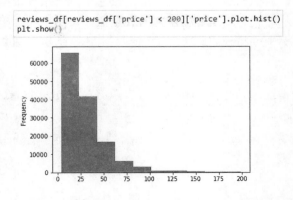

图 11-5　绘制价格低于 200 美元的葡萄酒的直方图

如果运行图11-5中的代码，但价格更改为大于200美元，那么该图不会在偶数间隔内分隔。这也是处理数据偏斜的技巧之一。直方图适用于不带偏斜的区间变量以及定序分类变量。

11.4 散点图

散点图是二元图，它将每个相关变量简单地映射到二维空间中的一个点上。如果要查看两个数值变量之间的关系，则可以使用散点图。在葡萄酒数据集中，假设想要检查价格和得分之间的关系，然后在输出单元格中可视化一个具有最佳拟合线的散点图，那么不用获取所有价格，仅采集价格低于100美元的葡萄酒作为样本，然后使用 `scatter()` 函数绘制关系，如图11-6所示。

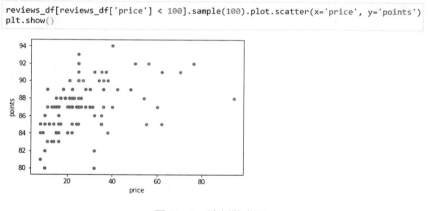

图11-6　绘制散点图

图11-6中的散点图表明价格与得分之间的相关性较强，这意味着更贵的葡萄酒通常在品鉴时获得的分数更高。散点图有一个缺点——过度绘制，因此它在处理规模相对较小但单个值的数值较大的数据集时效果较好。这就是在绘图时只采取了100个样本的原因。请尝试在图11-6的代码中不使用 `sample()`，然后查看输出结果的差异。

11.5 堆积图

堆积图是将变量一个接一个地绘制出来的图形。它类似于条形图或折线图，但变量被细分到组成成分，以便了解各个组成部分的对比和总计。使用另一个展现前五大葡萄酒品种得分的数据集来绘制堆积图，如图11-7所示。

```
wine_count_df = pd.read_csv("E:/pg/bpb/BPB-Publications/Datasets/top-five-wine-score-counts.csv", index_col=0)
wine_count_df.head()
```

points	Bordeaux-style Red Blend	Cabernet Sauvignon	Chardonnay	Pinot Noir	Red Blend
80	5.0	87.0	68.0	36.0	72.0
81	18.0	159.0	150.0	83.0	107.0
82	72.0	435.0	517.0	295.0	223.0
83	95.0	570.0	669.0	346.0	364.0
84	268.0	923.0	1146.0	733.0	602.0

图11-7 前五大葡萄酒品种得分

此数据集提及了前五大葡萄酒品种的品鉴分数，很适合把每个成分都可视化为堆积图，如图11-8所示。

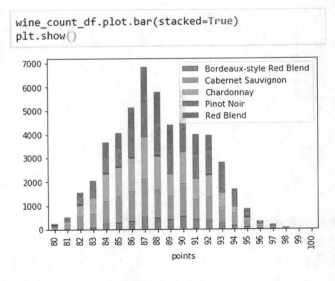

图11-8 绘制堆积图

但是堆积图有以下两个局限。

- 第一个局限是，堆积图中的第二个变量的可能取值必须是有限的。
- 第二个局限是可解释性。虽然堆积图很容易制作，看着也很漂亮，但有时很难区分堆积图中的具体值。例如，能否通过查看图11-8判断出哪种葡萄酒得分高达87

分及以上：混酿干红（紫色）、黑皮诺（红色）或霞多丽（绿色）？

11.6 箱线图

如果想要可视化指定数据集的统计摘要，那么箱线图是一位益友。如图11-9所示，实线箱的左侧和右侧始终是第一和第三个四分位数（数据的25%和75%），箱内的线段始终是第二个四分位数（中位数）。胡须（紫色线段）从箱子两侧延伸，以显示数据的范围。箱线图如图11-9所示。

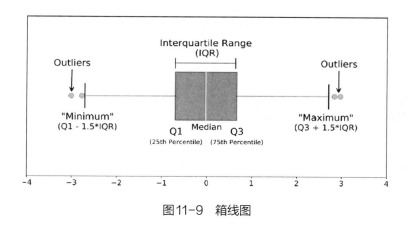

图11-9　箱线图

图中的统计术语解释如下。

（1）中位数（Median）：Q2或50th Percentile，数据集的中间值。

（2）第一四分位数（First Quartile）：Q1或25th Percentile，数据集的最小值（非图11-9中标识的Minimum）和中位数之间的中间值。

（3）第三四分位数（Third Quartile）：Q3或75th Percentile，数据集的中位数和最大值（图11-9中标识的Maximum）之间的中间值。

（4）四分位距（Interquartile Range，IQR）：第一四分位数到第三四分位数之间的距离。

（5）胡须（Whisker）：图中的紫色线段。

（6）异常值（Outlier）：位于围栏（胡须）外部的数据点。

（7）"最大非异常值"（Maximum）：Q3 + 1.5*IQR。

（8）"最小非异常值"（Minimum）：Q1 −1.5*IQR。

看一看如何利用真实世界的数据集——乳腺癌诊断来应用箱线图，从本书的存储库下载后进行读取，如图11-10所示。

```
import pandas as pd
cancer_df = pd.read_csv("E:/pg/bpb/BPB-Publications/Datasets/breast_cancer.csv")
cancer_df.head()
```

	id	diagnosis	radius_mean	texture_mean	perimeter_mean	area_mean	smoothness_mean	compactness_mean	concavity_mean	concave points_mean
0	842302	M	17.99	10.38	122.80	1001.0	0.11840	0.27760	0.3001	0.14710
1	842517	M	20.57	17.77	132.90	1326.0	0.08474	0.07864	0.0869	0.07017
2	84300903	M	19.69	21.25	130.00	1203.0	0.10960	0.15990	0.1974	0.12790
3	84348301	M	11.42	20.38	77.58	386.1	0.14250	0.28390	0.2414	0.10520
4	84358402	M	20.29	14.34	135.10	1297.0	0.10030	0.13280	0.1980	0.10430

5 rows × 33 columns

图 11-10　读取乳腺癌诊断数据集

下一个任务是分析恶性（Malignant）或良性（Benign）肿瘤（分类型）与面积均值（连续型）之间的关系。

为了完成此任务，需要根据面积均值将恶性或良性肿瘤数据从完整的数据集中分离出来。这次将使用 `seaborn` 库的 `boxplot()` 函数来绘制箱线图并将其保存为图像，如图11-11所示。

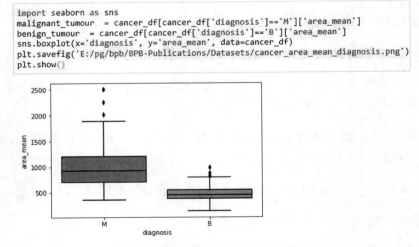

图 11-11　绘制诊断结果与面积均值的箱线图

利用图11-11，可以比较恶性和良性诊断结果（diagnosis）所对应的面积均值（area_mean）

的范围和分布。观察到恶性肿瘤面积平均值的变化性较大，异常值也较大。此外，由于箱线图内的线段不重合，因此可以得出结论：在95%的置信度下，真实中位数确实不同。

11.7　小结

　　数据可视化是数据科学的核心技术之一。为了构建有用的模型，需要了解底层的数据集，有效的数据可视化是完成这项任务的重要工具，因此也是需要掌握的关键技能之一。市场上有各种现成的可视化工具，如Tableau和QlikView，但使用者必须了解基本的绘图技巧，正如在本章中所做的那样。在真实数据集上练习得越多，获得的可视化知识就越多，所以开始在笔记本上练习吧，看一看能从输出结果中分析出什么。第12章将介绍数据预处理的步骤。

第 12 章
数据预处理

为了从机器学习项目的应用模型中获得更好的结果,必须正确格式化数据。一些机器学习模型需要特定格式的信息,例如,一些机器学习算法不支持空值。对于这类算法,必须在原始数据集中处理空值。格式化数据的另一个重要原因是要使用多个机器学习和深度学习算法对其进行评估,并从中选择数据问题的最佳算法解决方案。在本章中,将学习数据预处理步骤,它们构成了应用机器学习算法的最后一步。借助于真实案例研究,本章介绍特征工程(Feature Engineering)与数据清洗和可视化。

本章结构

- 关于案例研究。
- 导入数据集。
- 探索性数据分析。
- 数据清洗与预处理。
- 特征工程。

本章主旨

在学习本章之后,读者能够具有准备数据并使其可以直接应用于机器学习算法的技能。

12.1 关于案例研究

在本章中,将分析两个领先的电子零售商——ModCloth 和 RentTheRunWay 的数据集。

两家零售商都希望改进它们目录商品的尺寸建议机制，因此请求数据科学家提供帮助。数据集中提供以下类型的信息。

- 评分与评价。
- 试穿反馈（小/合身/大）。
- 顾客/商品度量。
- 类别信息。

这些数据集非常分散，大多数商品和顾客只有一笔交易。请注意，这里的"商品"是指商品的特定尺寸，因为任务目标是预测相关商品尺寸的合身度。另外，由于不同的服装产品使用不同的尺寸单位，因此要把尺寸标准化为按顺序排列的单一数值尺度。

12.2 导入数据集

请从本书提供的下载数据集中下载两个商家的数据集。两个数据集都是ZIP格式的。因此在读取实际文件之前，需要先解压缩，代码如图12-1所示。

```
import zipfile
Dataset = "modcloth_final_data.json.zip"
with zipfile.ZipFile("E:/pg/bpb/BPB-Publications/Datasets/"+Dataset,"r") as z:
    z.extractall("E:/pg/bpb/BPB-Publications/Datasets")
```

图12-1　解压缩文件

在运行图12-1中的代码后，将解压缩JSON格式的数据文件。请使用Pandas的.read_json()函数读取此JSON文件并将其存储在数据帧中以供后续处理，在运行图12-2中的代码之前不要忘记导入Pandas库。

```
modcloth_df = pd.read_json('E:/pg/bpb/BPB-Publications/Datasets/modcloth_final_data.json', lines=True)
modcloth_df.head()
```

	bra size	bust	category	cup size	fit	height	hips	item_id	length	quality	review_summary	review_text	shoe size	shoe width	size	user_id	user_name	waist
0	34.0	36	new	d	small	5ft 6in	38.0	123373	just right	5.0	NaN	NaN	NaN	NaN	7	991571	Emily	29.0
1	36.0	NaN	new	b	small	5ft 2in	30.0	123373	just right	3.0	NaN	NaN	NaN	NaN	13	587883	sydneybraden2001	31.0
2	32.0	NaN	new	b	small	5ft 7in	NaN	123373	slightly long	2.0	NaN	NaN	9.0	NaN	7	395665	Ugggh	30.0
3	NaN	NaN	new	dd/e	fit	NaN	NaN	123373	just right	5.0	NaN	NaN	NaN	NaN	21	875643	alexmeyer626	NaN
4	36.0	NaN	new	b	small	5ft 2in	NaN	123373	slightly long	5.0	NaN	NaN	NaN	NaN	18	944840	dberrones1	NaN

图12-2　读取JSON文件

12.3 探索性数据分析

从本章的案例研究数据集的概览中，会注意到以下几点。

- 数据帧中存在缺失值（NaN），需要对其进行处理。
- 罩杯尺寸（cup size）列的一些数据存在多重偏好——如果希望将罩杯尺寸定义为类别（category）数据类型，则需要处理这些数据。
- 需要对身高（height）列进行解析，以便提取身高数值，现在看起来像一个字符串（对象）。

仔细研究一下数据集的列，如图12-3所示。

```
modcloth_df.columns
Index(['bra size', 'bust', 'category', 'cup size', 'fit', 'height', 'hips',
       'item_id', 'length', 'quality', 'review_summary', 'review_text',
       'shoe size', 'shoe width', 'size', 'user_id', 'user_name', 'waist'],
      dtype='object')
```

图12-3　获取数据帧的列

某些列名内似乎有空格，用下划线替代空格来重命名，如图12-4所示。

```
modcloth_df.columns = ['bra_size', 'bust', 'category', 'cup_size', 'fit', 'height', 'hips',
       'item_id', 'length', 'quality', 'review_summary', 'review_text',
       'shoe_size', 'shoe_width', 'size', 'user_id', 'user_name', 'waist']
modcloth_df.columns
Index(['bra_size', 'bust', 'category', 'cup_size', 'fit', 'height', 'hips',
       'item_id', 'length', 'quality', 'review_summary', 'review_text',
       'shoe_size', 'shoe_width', 'size', 'user_id', 'user_name', 'waist'],
      dtype='object')
```

图12-4　使用下划线重命名

接下来进一步检查每列的数据类型，以便了解更多信息，如图12-5所示。

```
modcloth_df.info()
```
```
<class 'pandas.core.frame.DataFrame'>
RangeIndex: 82790 entries, 0 to 82789
Data columns (total 18 columns):
bra_size          76772 non-null float64
bust              11854 non-null object
category          82790 non-null object
cup_size          76535 non-null object
fit               82790 non-null object
height            81683 non-null object
hips              56064 non-null float64
item_id           82790 non-null int64
length            82755 non-null object
quality           82722 non-null float64
review_summary    76065 non-null object
review_text       76065 non-null object
shoe_size         27915 non-null float64
shoe_width        18607 non-null object
size              82790 non-null int64
user_id           82790 non-null int64
user_name         82790 non-null object
waist              2882 non-null float64
dtypes: float64(5), int64(3), object(10)
memory usage: 11.4+ MB
```

图12-5 检查每列的数据类型

如果再次分析每一列的数据类型，将发现以下几点信息。

- 总共有18列，但其中只有6列的数据是完整的（82790）。

- 胸围（bust）、鞋宽(shoe width)、鞋码（shoe size）、腰围（waist）等列的数据缺失较多。

- 某些列是字符串（对象）数据类型，需要将其解析为类别数据类型以便优化内存。

接下来检查每一列的缺失值，代码如图12-6所示，结果如图12-7所示。

```
missing_data = pd.DataFrame({'total_missing': modcloth_df.isnull().sum(),
                             'percentage_missing': (modcloth_df.isnull().sum()/82790)*100})
missing_data
```

图12-6 检查每一列的缺失值

	percentage_missing	total_missing
bra_size	7.268994	6018
bust	85.681846	70936
category	0.000000	0
cup_size	7.555260	6255
fit	0.000000	0
height	1.337118	1107
hips	32.281677	26726
item_id	0.000000	0
length	0.042276	35
quality	0.082136	68
review_summary	8.122962	6725
review_text	8.122962	6725
shoe_size	66.282160	54875
shoe_width	77.525063	64183
size	0.000000	0
user_id	0.000000	0
user_name	0.000000	0
waist	96.518903	79908

图12-7 检查结果

进一步分析结果，发现腰围列出乎意料地有很多空值（97%），但考虑到Modcloth是在线零售商，因此其大部分数据来自连衣裙（dresses）、上衣（tops）和下装（bottoms）这3个类别。

在开始执行预处理任务之前，继续深挖数据，如图12-8所示。

```
modcloth_df.describe()
```

	bra_size	hips	item_id	quality	shoe_size	size	user_id	waist
count	76772.000000	56064.000000	82790.000000	82722.000000	27915.000000	82790.000000	82790.000000	2882.000000
mean	35.972125	40.358501	469325.229170	3.949058	8.145818	12.661602	498849.564718	31.319223
std	3.224907	5.827166	213999.803314	0.992783	1.336109	8.271952	286356.969459	5.302849
min	28.000000	30.000000	123373.000000	1.000000	5.000000	0.000000	6.000000	20.000000
25%	34.000000	36.000000	314980.000000	3.000000	7.000000	8.000000	252897.750000	28.000000
50%	36.000000	39.000000	454030.000000	4.000000	8.000000	12.000000	497913.500000	30.000000
75%	38.000000	43.000000	658440.000000	5.000000	9.000000	15.000000	744745.250000	34.000000
max	48.000000	60.000000	807722.000000	5.000000	38.000000	38.000000	999972.000000	50.000000

图12-8 Modcloth数据帧的描述统计

从图12-8的统计描述中可以推断以下信息。

- 大多数鞋码在5～9，但最大尺寸高达38！这令人意外，因为如果查看Modcloth的官方网站，会发现它使用英国鞋码。
- 尺码（size）的最小值为0，其最大值与鞋码的最大值一致。

到目前为止，已经分析了一些有趣又重要的信息点！请记住截至目前所做的基本统计分析，使用本数据集的数列绘制一个箱线图来检查其中的异常值。首先列出数列，然后使用boxplot()方法绘图，代码如图12-9所示，运行结果如图12-10所示。

```
num_cols = ['bra_size','hips','quality','shoe_size','size','waist']
plt.figure(figsize=(10,5))
modcloth_df[num_cols].boxplot()
plt.title("Numerical variables in Modcloth dataset", fontsize=20)
plt.show()
```

图12-9 绘制箱线图检查异常值

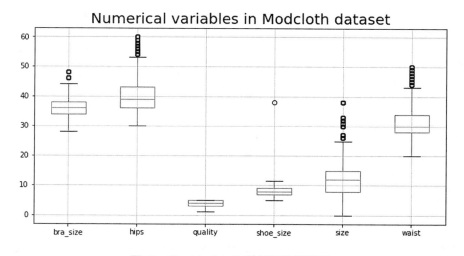

图12-10 Modcloth数据集的箱线图

可以从图12-10的箱线图中分析得出以下要点。

- 鞋码的最大值（38）是一个异常值；理想情况下，应该移除那一行或者处理异常值。因为它是唯一一个区别于整个数据集的值，所以可能是被客户错误地输入或是简单噪声。从现在起，可以将其输入为空值。
- 可以看到在文胸尺码（bra_size）中，根据四分位距，箱线图把两个值显示为异常值。因此可以将文胸尺码与尺码（二元）的分布可视化，以便了解数值的含义。

下一步是处理鞋码中的空值，然后再将文胸尺码与尺码可视化，如图12-11所示。

```
modcloth_df.at[37313,'shoe_size'] = None

plt.figure(figsize=(10,5))
plt.xlabel("bra_size")
plt.ylabel("size")
plt.suptitle("Joint distribution of bra_size vs size")
plt.plot(modcloth_df.bra_size, modcloth_df['size'], 'ro', alpha=0.2)
plt.show()
```

图12-11　处理空值并可视化

在图12-11的代码单元中，首先处理了第37313行鞋码列中的缺失值；然后 x 轴采用了文胸尺码列的数据，y 轴取了尺码列的数据，然后使用 plot() 函数绘制了如图12-12所示的图形。

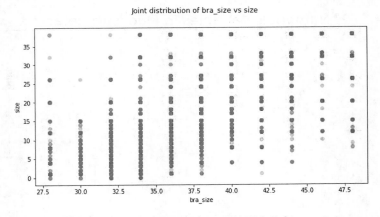

图12-12　文胸尺码与尺码的联合分布

在图12-12的输出单元格中，可以看到数值零散分布，从图中看不出文胸尺寸的分布存在任何明显的偏离，事实上，对于所有其他数值变量也是如此——可以预计箱线图中的"明显"异常值的表现与之类似。现在将着手预处理数据集，以便进行适当的可视化。

12.4　数据清洗与预处理

现在处理这些变量，并将每一列的数据类型更改为适当的类型。为此，首先定义一个函数，用于创建不同变量的分布图；在这个函数中，传递两个参数——列和轴，并且在其中处理列中的缺失值，然后通过计数来绘制条形图，如图12-13所示。

```
# function for initial distribution of features
def plot_features(col, ax):
    modcloth_df[col][modcloth_df[col].notnull()].value_counts().plot('bar', facecolor='b', ax=ax)
    ax.set_xlabel('{}'.format(col), fontsize=20)
    ax.set_title("{} on Modcloth Dataset".format(col))
    return ax

f, ax = plt.subplots(3,3, figsize = (20,13))
f.tight_layout(h_pad=9, w_pad=2, rect=[0, 0.03, 1, 0.93])
cols = ['bra_size','bust', 'category', 'cup_size', 'fit', 'height', 'hips', 'length', 'quality']
k = 0
for i in range(3):
    for j in range(3):
        plot_features(cols[k], ax[i][j])
        k += 1
__ = plt.suptitle("Initial Distributions of features")
plt.show()
```

图12-13　定义函数创建不同变量的分布图

一旦运行了图12-13中的函数，就将在笔记本上出现如图12-14所示的条形图。

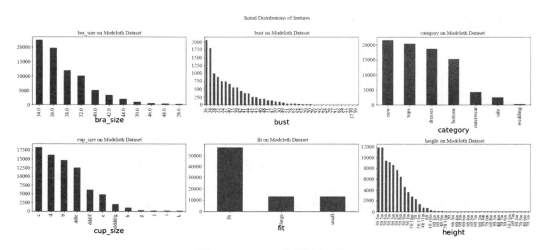

图12-14　不同变量的条形图

通过查看输出结果中的每个图，可以分析推断出以下内容。

- 文胸尺码——虽然看起来是数字，但它的范围只有28～48，大部分尺码在34～38。从图12-14中可以看到，大部分买家的文胸尺码是34或36。因此，将其转换为类别数据类型是有意义的。通过将NaN值纳入Unknown类别中，可以进一步细化分析。

- 胸围——通过查看非空值，胸围应该是整数型数据类型。为了便于分析，可以进一步将数值为37～39的胸围数据细化，使用其平均值（38）替换37～39。稍后将数据类型转换为int。

- 类别——无缺失；可以将其更改为数据类型category。

- 罩杯尺寸——将此列的数据类型更改为category。该列大约有7%的值丢失。

- 合身度（fit）——将此列的数据类型更改为category。可以看到，绝大多数客户对Modcloth上的商品给出了很合身的反馈！

- 身高（height）——因为身高列当前是一个字符串对象，格式为X英尺.Y英寸（Xft.Yin），所以需要对其进行解析。建议先把身高的度量单位转换成厘米（Centimeter），再查看一下缺少身高数据的行。

逐个落实这些处理方案，如图12-15和图12-16所示。

```
modcloth_df.cup_size.fillna('Unknown', inplace=True)
modcloth_df.cup_size = modcloth_df.cup_size.astype('category').cat.as_ordered()
modcloth_df.fit = modcloth_df.fit.astype('category')
```

图12-15　更改数据类型为category

```
def change_in_cms(x):
    # function to chnage height in cm
    if type(x) == type(1.0):
        return
    try:
        return (int(x[0])*30.48) + (int(x[4:-2])*2.54)
    except:
        return (int(x[0])*30.48)
modcloth_df.height = modcloth_df.height.apply(change_in_cms)
```

图12-16　更改身高的度量单位

12.5　特征工程

从现有的特征中创建新特征的过程被称为特征工程。这一步可以惊人地提高模型的精度。要提取一个新特征，必须了解实际业务问题和它的数据集，有时还必须跳出固有思维模式。在提供的数据集中会尝试这么去做，从创建新特征first_time_user开始。

请使用以下逻辑来确定首次购买者。

（1）如果文胸尺寸或罩杯尺寸有值，而身高、臀围、鞋码、鞋宽和腰围没有值——这是第一次购买内衣的顾客。

（2）如果鞋码或鞋宽有值，而文胸尺寸、罩杯尺寸、身高、臀围和腰围没有值——这是第一次购买鞋的顾客。

（3）如果臀围/腰围有值，而文胸尺寸、罩杯尺寸、身高、鞋码和鞋宽没有值——这是第一次购买裙子或上衣的顾客。

在创建新特征之前，可以按如下方式验证上述逻辑。

（1）查看几行有文胸尺寸或罩杯尺寸数值，但没有其他度量可用的数据。

（2）查看几行有鞋码或鞋宽数值，但没有其他度量可用的数据。

（3）查看几行有臀围或腰围数值，但没有其他度量可用的数据。

现在可以在原始数据中添加一个新列——first_time_user，使用布尔数据类型，它将指示用户/交易是否为新用户，如图12-17所示。这是基于Modcloth之前没有此人的相关信息的基础，事实上可能是新用户首次进行了多笔交易！

```
lingerie_logic = (((modcloth_df.bra_size != 'Unknown') | (modcloth_df.cup_size != 'Unknown'))
                  & (modcloth_df.height.isnull()) & (modcloth_df.hips.isnull()) &
                  (modcloth_df.shoe_size.isnull()) & (modcloth_df.shoe_width.isnull()) & (modcloth_df.waist.isnull()))

shoe_logic = ((modcloth_df.bra_size == 'Unknown') & (modcloth_df.cup_size == 'Unknown') & (modcloth_df.height.isnull())
              & (modcloth_df.hips.isnull()) & ((modcloth_df.shoe_size.notnull()) | (modcloth_df.shoe_width.notnull()))
              & (modcloth_df.waist.isnull()))

dress_logic = ((modcloth_df.bra_size == 'Unknown') & (modcloth_df.cup_size == 'Unknown') &
               (modcloth_df.height.isnull()) & ((modcloth_df.hips.notnull()) | (modcloth_df.waist.notnull())) &
               (modcloth_df.shoe_size.isnull()) & (modcloth_df.shoe_width.isnull()))

modcloth_df['first_time_user'] = (lingerie_logic | shoe_logic | dress_logic)
print("Column is added!")
print("Total transactions by first time users who bought bra, shoes, or a dress: " + str(sum(modcloth_df.first_time_user)))
print("Total first time users: " + str(len(modcloth_df[(lingerie_logic | shoe_logic | dress_logic)].user_id.unique())))

Column is added!
Total transactions by first time users who bought bra, shoes, or a dress: 903
Total first time users: 565
```

图12-17　创建新列——first_time_user

进一步观察其他列，将发现以下分析结果。

- 臀围（hips）—臀围列的缺失值高达32.28%！可能是Modcloth从未从用户那里得

到过这些数据。不能删除如此重要的数据块,因此需要另一种方法来处理该特征:学习如何在四分位数的基础上整理数据。

- 长度(length)——只有35行缺少长度数据。很可能是客户没有留下反馈,或者这些行中的数据已损坏。但是应该能够使用评论的相关字段来估算这些值(如果有填写值!),也可以选择删除这些行。为了便于分析,这里选择删除这些行。

- 质量(quality)——只有68行丢失质量数据。就像对身高列所做的假设一样,客户可能没有留下反馈,或者这些行中的数据已损坏。删除这些行并将数据类型转换为定序变量(有序分类)。

图 12-18 所示为清洗臀围、长度和质量列的代码。

```
# cleaning hips column
modcloth_df.hips = modcloth_df.hips.fillna(-1.0)
bins = [-5,0,31,37,40,44,75]
labels = ['Unknown','XS','S','M','L','XL']
modcloth_df.hips = pd.cut(modcloth_df.hips, bins, labels=labels)

# cleaning length column
missing_rows = modcloth_df[modcloth_df.length.isnull()].index
modcloth_df.drop(missing_rows, axis = 0, inplace=True)

# cleaning quality
missing_rows = modcloth_df[modcloth_df.quality.isnull()].index
modcloth_df.drop(missing_rows, axis = 0, inplace=True)
modcloth_df.quality = modcloth_df.quality.astype('category').cat.as_ordered()
```

图 12-18 清洗臀围、长度和质量列

继续分析剩余的其他列。

- 评论摘要/评论文本(review_summary/review_text)——存在 NaN 值的原因是顾客没有提供评论,把这些填成未知。

- 鞋码——大约66.3%的鞋码数据丢失,必须将鞋码更改为类别数据类型,并把 NaN 值替换成"未知"。

- 鞋宽——大约77.5%的鞋宽数据丢失,得把 NaN 值填成未知。

- 腰围——腰围列的缺失值最多,高达96.5%!因此不得不放弃这一列。

- 胸围——85.6%的缺失值,与文胸尺寸高度相关,因此删除此列。

- 用户名(user_name)——在提供了用户ID的情况下,不需要用户名,删除此列。

把上文的分析结果应用到数据帧中,如图 12-19 所示。

```
modcloth_df.review_summary = modcloth_df.review_summary.fillna('Unknown')
modcloth_df.review_text = modcloth_df.review_text.fillna('Unknown')
modcloth_df.shoe_size = modcloth_df.shoe_size.fillna('Unknown')
modcloth_df.shoe_size = modcloth_df.shoe_size.astype('category').cat.as_ordered()
modcloth_df.shoe_width = modcloth_df.shoe_width.fillna('Unknown')
modcloth_df.drop(['waist', 'bust', 'user_name'], axis=1, inplace=True)
missing_rows = modcloth_df[modcloth_df.height.isnull()].index
modcloth_df.drop(missing_rows, axis = 0, inplace=True)
```

图12-19　清洗剩余其他列的数据

如果现在使用.info()检查数据集，就会发现不再有缺失值了！接下来可以继续进行可视化，并获得有关数据的更多信息。

在这里会看到不同类别的商品在合身度、长度和质量方面的表现。这将告知Modcloth需要更加关注哪些类别！为此，可以按照以下分类绘制两种分布。

- 非归一化分布（Unnormalized Distribution）——直接查看频率计数，用于跨类别比较。合身度、长度和质量也在这个图中度量。
- 归一化分布（Normalized Distribution）——在把计数归一化后查看不同类别的统计分布，这将帮助我们比较影响类别返回值的主要因素是什么。排除了最佳尺码和质量度量之后，关注每个种类（如有）返回值的主要影响因素。

出于上述目的，在下一个代码块中使用了如图12-20所示的各种函数。

```
# functions for Unnormalized and Normalized distributions
def plot_barh(df,col, cmap = None, stacked=False, norm = None):
    df.plot(kind='barh', colormap=cmap, stacked=stacked)
    fig = plt.gcf()
    fig.set_size_inches(24,12)
    plt.title("Category vs {}-feedback - Modcloth {}".format(col, '(Normalized)' if norm else ''))
    plt.ylabel('Category', fontsize = 18)
    plot = plt.xlabel('Frequency', fontsize=18)

def norm_counts(t):
    norms = np.linalg.norm(t.fillna(0), axis=1)
    t_norm = t[0:0]
    for row, euc in zip(t.iterrows(), norms):
        t_norm.loc[row[0]] = list(map(lambda x: x/euc, list(row[1])))
    return t_norm
```

图12-20　定义函数

在图12-20的代码单元中，定义了两个函数。第一个用于可视化，与之前类似；第二个函数使用numpy.linalg.norm()函数计算向量长度或大小，norm_counts(t)是一个通用函数，可用于计算任何极度分散的数据集中的向量长度，正如本案例研究中的数据集一样。

在运行函数之前不要忘记导入Numpy包。应用函数把类别和合身度（fit）的比较可视化，如图12-21所示。

```
# Category vs. Fit
group_by_category = modcloth_df.groupby('category')
cat_fit = group_by_category['fit'].value_counts()
cat_fit = cat_fit.unstack()
cat_fit_norm = norm_counts(cat_fit)
cat_fit_norm.drop(['fit'], axis=1, inplace=True)
plot_barh(cat_fit, 'fit')
plt.show()
```

图12-21　可视化类别和合身度的比较

输入结果如图12-22所示。

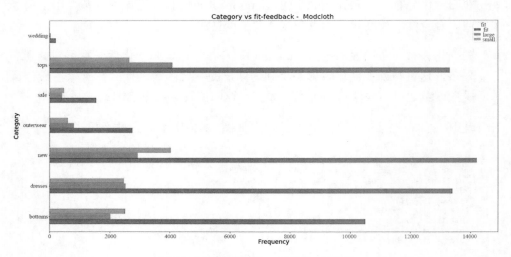

图12-22　条形图——类别和合身度

分析图12-22，可以发现以下观察结果。

（1）新款（new）、连衣裙和上衣类别的合身反馈较多。

（2）不合身反馈总计较多的主要有两类——新款和上衣，紧接着是连衣裙和下装。

（3）婚纱礼服（wedding）、外套（outerwear）和打折商品（sale）在可视化的图形中并不突出，主要是因为这些类别的商品缺少交易。

请试着绘制类似的图形以比较类别和长度，并分析得到观察结果！在数据集库中还提供了另一个 RentTheRunWay 数据集，供读者参考。请尝试将在本章学到的知识应用到该数据集中，并看一看能观察到什么。

12.6 小结

特征工程和可视化是数据分析中很有影响力的技能。如果使用恰当，则它们能够以非常积极的方式推动机器学习建模。要获得特征工程和可视化等方面的专业技能知识，需要在不同的数据集中练习从本书前面的全部章节以及本章中所学到的内容。不要只是将数据集加载到笔记本中——试着了解真实的业务问题，探索数据集的每个特征，思考如何从现有的数据集中提取新的特征以及其对分析产生的影响。第13章将开启机器学习之旅，介绍监督式机器学习（Supervised Machine Learning）。

第13章

监督式机器学习

通过对本书前面章节的学习,读者已经掌握了进入机器学习(Machine Learning,ML)世界所需的全部技能。机器学习是指导机器与计算机从现有数据中学习以在未被明确编程的情况下预测新数据的领域。在本章中,将学习不同类型的机器学习,深入了解一些监督式机器学习技术,以及如何使用Python执行监督式学习;还将基于真实数据集学习如何构建预测模型、调整参数,以及如何判断模型应用于未知数据时的效果。在此过程中会用到scikit-learn(sklearn),它是当下流行和用户友好的Python机器学习库之一。

本章结构

- 常见的机器学习术语。
- 机器学习导论。
- 常用机器学习算法列述。
- 监督式机器学习基础。
- 解决分类机器学习问题。
- 为何要进行训练/测试拆分和交叉验证。
- 解决回归机器学习问题。
- 如何调整机器学习模型。
- 如何处理sklearn中的分类变量。
- 处理缺失数据的高级技术。

本章主旨

在学习与实践本章内容之后,读者有望成为解决监督式机器学习问题的专家。

13.1 常见的机器学习术语

- 数据集(Dataset)——一组包含不同数据结构的数据集合。

- 模型(Model)——机器学习系统从训练数据中所学内容的表现形式;要生成一个机器学习模型,需要向机器学习算法提供待学习的训练数据。

- 训练(Training)——确定构成机器学习模型的理想参数的过程。

- 学习(Learning)——训练过程的输出是机器学习模型,然后使用该模型进行预测,这个过程叫作学习。

- 训练数据集(Training Dataset)——用于训练模型的数据集子集。

- 验证数据集(Validation Dataset)——数据集子集;与训练数据集有区别,它用于调整超参数。

- 测试数据集(Testing Dataset)——在模型通过验证数据集的初步审核后,用于测试模型的数据集子集。

- 超参数(Hyperparameter)——是在训练机器学习或深度学习模型之前设置的参数值。不同的模型需要不同的超参数,有些则不需要。

- 参数(Parameter)——由机器学习系统自行训练的模型变量。

- 目标(Target)——目标是输入变量的输出,目标变量也称为因变量(Dependent Variable)或反应变量(Response Variable)。

- 特征(Feature)——是充当系统输入的一个独立变量;可以考虑把数据中的一列设为一个特征;有时候,它们也被称为预测变量(Predictor Variable)、独立变量(Independent Variable)或属性(Attribute),而特征的数量被称为维度(Dimension)。

- 标签(Label)——标签是最终的输出值,也可以将输出的类别视为标签。

- 拟合（Fit）——从提供的数据中捕获模式，这是建模的核心。

- 评估（Evaluate）——确定模型预测的准确性。

- 正则化（Regularization）——这是优化机器学习模型复杂度的方法，使模型通用化，避免过拟合/欠拟合的问题。

13.2 机器学习导论

根据机器学习算法的目的，将其分为以下4类。

- 监督式机器学习。

- 无监督式机器学习。

- 半监督式学习。

- 强化学习。

监督式机器学习算法试图构建目标预测输出与输入特征之间的联系和依赖关系的模型，以便根据从原始数据集学习到的关系来预测新数据的输出值。基于两种类型的问题，可将监督式机器学习算法进一步划分为以下两类。

- 分类（Classification）：分类问题被定义为输出变量只属于特定类别的问题，例如"红色"或"蓝色"、"男性"或"女性"，也可以是"疾病"或"无疾病"；问题示例有——这封邮件是否是垃圾邮件？这是汽车还是公共汽车的照片？

- 回归（Regression）：回归问题是当输出变量是真实值时，比如"美元""卢比"或"体重"。问题示例有——某个城市的房价是多少？股票的价值是多少？

当计算机/系统使用无标签数据进行训练时，会使用无监督式机器学习学习算法——这意味着训练数据不包含目标，或者不告诉系统学习的方向是什么，而让系统从提供的数据中自行理解。当人类专家不知道要在数据中查找什么时，这些算法非常有用。聚类（Clustering）是非常重要的无监督式机器学习问题之一，在其中把相似的事物组合在一起。不提供标签来对数据进行分组，系统从数据本身理解并对数据进行聚类。示例有——指定一组推特（Tweet）数据，基于推特内容或图像，将数据聚类到不同的对象中。

半监督式机器学习学习算法介于上述两种算法之间。在很多实际应用的场合中，给数据贴标签的成本相当高，因为这需要熟练的人类专家来完成。因此，在大多数观测数据没有标签的情况下（但少部分有），半监督式算法是建立模型的最佳候选。语音分析和 Web 内容分类是半监督式学习模型的两个经典例子。

强化机器学习学习算法允许机器/软件代理自动确定在特定背景下的理想行为，以最大限度地提高其性能。在这个过程中——输入状态由代理观察；决策功能用于使代理执行动作；执行动作后，代理从环境中接受奖励或强化，然后存储奖励的"状态—动作"对信息。强化学习算法的应用诸如计算机棋盘游戏（国际象棋和围棋）、机器手和自动驾驶汽车。

13.3　常用机器学习算法列述

（1）线性回归。

（2）逻辑回归。

（3）决策树。

（4）支持向量机（Support Vector Machine，SVM）。

（5）朴素贝叶斯（Naive Bayes，NB）。

（6）K-最近邻（K-Nearest Neighbor，KNN）。

（7）K 均值。

（8）随机森林。

（9）降维算法。

（10）梯度提升算法。

　　1）梯度提升机（Gradient Boosting Machine，GBM）

　　2）极端梯度提升（eXtreme Gradient Boosting，XGBoost）

　　3）轻量级梯度提升机（LightGBM）

　　4）CatBoost

在接下来的几章中，将学习如何将逻辑回归、线性判别分析、K-最近邻、决策树、梯度提升和支持向量机等算法应用于实际案例研究中，并了解它们如何协助人们提供解决方案。

13.4 监督式机器学习基础

在监督式机器学习问题中，我们充当老师使用包含输入/预测值的训练数据指导计算机，向系统展示通过分析数据获得的正确答案（输出），计算机应该能够根据通过分析原始数据集所获得的关系来学习模式，以预测新输入数据的输出值。简单地说，首先用大量的训练数据（输入和目标）训练模型，然后用新数据和之前获得的逻辑预测输出。

请始终牢记以下经验法则来区分两种类型的监督式机器学习问题。

分类：目标变量由类别构成。

回归：目标变量连续。

第一种监督式机器学习算法——分类：在期望的输出是离散标签时使用。换言之，当业务问题的答案落在有限的可能结果之下时，它们是有帮助的；许多用例只有两种可能的结果，例如确定电子邮件是否是垃圾邮件，这叫作二元分类（Binary Classification）。

多标签分类（Multi-Label Classification）捕获所有内容，对于客户细分、音频和图像分类以及挖掘客户情绪的文本分析都很有用。

以下是一些常见的分类机器学习算法清单。

（1）线性分类法：逻辑回归与朴素贝叶斯分类法。

（2）支持向量机（Support Vector Machine，SVM）。

（3）决策树。

（4）提升树（Boosted Tree）。

（5）随机森林。

（6）神经网络。

（7）最近邻取样。

第二种监督式机器学习算法——回归：用于预测连续型输出。这意味着问题的答案由数量来表示，可以根据模型的输入灵活地确定，而不是局限于一组可能的标签。线性回归是回归算法的一种形式,用方程来表示,通过找到输入变量的特定权重(称之为系数(B))描述了一条表示输入变量(x)和输出变量(y)之间关系的最佳拟合线,例如 $y=B_0+B_1*x$。

在给定输入 x 的情况下预测 y,线性回归学习算法的目标是找到系数 B_0 和 B_1 的值。

注意事项:在机器学习中,有一个叫作"没有免费午餐"的定理。简言之,没有任何一种算法对每一个问题都是最有效的,监督式学习(预测建模)尤其如此。

(1)逻辑回归——不要受名字迷惑,这是一个分类模型。逻辑回归(LR)用于描述数据,并解释一个二元因变量与一个或多个定类、定序、区间或定比自变量之间的关系。在后台,逻辑回归算法使用具有独立预测因子的线性方程来预测值。预测值可以介于负无穷大和正无穷大之间。算法的输出应该是类变量,即0—否,1—是。LR基于概率(p),因此如果概率>0.5,则标记数据为1;否则标记数据为0。默认情况下,LR中的概率阈值为0.5。

(2)决策树分类器——决策树分类器以树形结构构建一系列问题和条件。在决策树中,根节点和内部节点包含属性测试条件,用于分离具有不同特征的记录。所有终端节点都被分配了一个类标签——是或否。一旦构建了决策树,就可以直接对测试记录进行分类。从根节点开始,把测试条件应用到记录上,并根据测试结果选择恰当的分支;然后它会引向另一个要应用新测试条件的内部节点或者叶节点。当到达叶节点时,与叶节点关联的类标签被分配给记录。为了在合理的时间内构造出一个相当精确的,尽管可能是次优的决策树,人们开发了各种有效的算法;例如Hunt算法、ID3、C4.5、CART、SPRINT都属于贪婪决策树归纳算法。

(3)K-最近邻分类器——最近邻分类背后的理念在于找到一个预定义的数目,即依据 k 个距离新样本最近的训练样本对新样本进行分类。新样本的标签将从这些邻居中获得。K-最近邻分类器有一个固定的由用户定义的常数,该常数用于确定近邻的数目。此外,还有基于半径的近邻学习算法,根据数据点的局部密度不同而产生不同数量的近邻,所有的样本都在一个固定的半径内。通常而言,距离可以是任何度量:标准欧氏距离是常见的选择之一。以近邻为基础的方法被称为非泛化机器学习方法,因为它们只是"记住"所有的训练数据。类别可由未知样本的最近邻的大多数归类来计算。

(4)线性判别分析(Linear Discriminant Analysis,LDA)——这是一种降维技术,也可用作线性分类器。当类相对分散或者鲜有用于估计参数的样例时,逻辑回归会变得不稳定;在这种情况下,LDA是一种更好的技术。LDA模型由从每个类中计算得到的数据统计特征组成。对于单一输入变量(x),统计特征是每一类变量的均值和方差;对于多变量,它们是在多变量高斯上计算所得的相同特征，即均值和协方差矩阵。

这些统计特性是根据数据估计的，并输入 LDA 方程进行预测。它们是为了构建模型而要保存成文件的模型值。

（5）高斯朴素贝叶斯分类器——高斯朴素贝叶斯算法是 NB 算法的一种特殊类型，在特征值连续时使用。它还假设所有特征都服从高斯分布，即正态分布。请记住，贝叶斯定理的基础是条件概率；条件概率在其他事件已经发生的条件下帮助计算某件事情发生的概率。

（6）支持向量分类器——SVM 是一种监督式机器学习算法，用于分类或回归问题。在支持向量分类器算法中，我们将每个数据项绘制为 n 维空间中的一个点（其中 n 是特征数），每个特征值是特定的坐标值；然后通过找到能够很好地区分这两类的超平面来进行分类。支持向量只是单个观测值的坐标。支持向量机是将这两类（超平面/直线）分离的边界。

13.5 解决分类机器学习问题

为了解决监督式机器学习问题，需要标签数据。用带标签的历史数据的形式，执行诸如 A/B 测试之类的实验，或者从多种渠道中获取标签数据。在任何情况下，目标都是从数据中学习，然后在过去学习的基础上对新数据进行预测。为了理解这一点，在下一个示例中会使用 Python 的 sci-kit learn 或 sklearn 库来解决分类问题。除 sklearn 之外，TensorFlow 和 Keras 库也广泛用于解决机器学习问题。

注意事项：sklearn 接口的输入是 Numpy 数组形式，因此始终要检查数据的类型并相应地进行转换；它还希望数据没有缺失值，所以在训练模型之前请处理缺失值。

关于数据集——将使用知名又简单的鸢尾花（Iris）数据集，经常出现在模式识别研究领域。鸢尾花是一种有 3 个品种的植物，这个数据集由英国统计学家 Ronald Fisher 于 1936 年引入。根据这种植物的特点，Fisher 建立了一个线性判别模型来区分不同品种的鸢尾属植物。数据集包含 3 个类，每类有 50 个实例，每一类都指代鸢尾属植物的一个品种，其中某一类与另外两类线性可分，后者之间非线性可分。

属性信息如下。

（1）花萼长度（sepal length），单位 cm。

（2）花萼宽度（sepal width），单位 cm。

（3）花瓣长度（petal length），单位 cm。

（4）花瓣宽度（petal length），单位cm。

类别如下。

- 山鸢尾（Iris Setosa）。
- 杂色鸢尾（Iris Versicolour）。
- 维吉尼亚鸢尾（Iris Virginica）。

目标——预测鸢尾属植物的品种。

从上文对问题的描述中，可以了解到花萼的长度/宽度和花瓣的长度/宽度是特征，而品种是目标变量。品种有3种可能——Setosa、Versicolour和Virginica。这是一个多类分类问题（Multi-Class Classification Problem）。和其他很多数据集一样，sklearn库自带鸢尾花数据集，因此无须人为下载。本练习的完整解决方案已经在笔记本中完成并保存为Solving a classification ml proble.ipynb，以供参考。让我们一步一步来解决这个问题。

（1）从sklearn库中加载数据集，如图13-1所示。

（2）在导入数据集后，检查数据集的类型，如图13-2所示。

```
from sklearn import datasets
import pandas as pd
import numpy as np
import matplotlib.pyplot as plt
plt.style.use('ggplot')

#load the iris dataset
iris = datasets.load_iris()
```

图13-1　加载鸢尾花数据集

```
print(type(iris))
<class 'sklearn.utils.Bunch'>
```

图13-2　检查数据集类型

结果显示数据类型是Bunch类，与包含键值的字典类似，每个键在键值对中都是唯一的，如果知道键，则可以访问对应的值。要找出数据集鸢尾花中存在的键列表，可以使用.keys()函数打印键，如图13-3所示。

```
print(iris.keys())
dict_keys(['data', 'target', 'target_names', 'DESCR', 'feature_names'])
```

图13-3　打印键

（3）使用形状属性进一步诊断数据键，会注意到鸢尾花数据共有150个样本（观测）和4个特征，如图13-4所示。

```
#check rows(samples) and columns(features) in iris data
iris.data.shape
(150, 4)
```

图13-4　检查数据集的形状

（4）查看与目标变量有关联的值，如图13-5所示。

```
#check target variables
iris.target_names
array(['setosa', 'versicolor', 'virginica'], dtype='<U10')
```

图13-5　检查目标变量

（5）把鸢尾属植物的长度（length）/宽度（width）和品种（species）分别存储在单独的变量中，以便在后续处理中传递这两个变量。此处还可以使用Pandas的 `DataFrame()` 函数将数据类型为 n 维数组的鸢尾花数据转换为Pandas数据帧，如图13-6所示。

```
X = iris.data
y = iris.target
#converting data in Pandas Dataframe
iris_df = pd.DataFrame(X, columns=iris.feature_names)
#check first five rows of iris dataframe
print(iris_df.head())
   sepal length (cm)  sepal width (cm)  petal length (cm)  petal width (cm)
0                5.1               3.5                1.4               0.2
1                4.9               3.0                1.4               0.2
2                4.7               3.2                1.3               0.2
3                4.6               3.1                1.5               0.2
4                5.0               3.6                1.4               0.2
```

图13-6　转换为Pandas数据帧

（6）把样本之间的关系可视化，绘制直方图的代码如图13-7所示，结果如图13-8所示。

```
#plotting histogram of features
_ = pd.plotting.scatter_matrix(iris_df, c=y, figsize=[8,8], s=150, marker='D')
plt.show()
```

图13-7　绘制直方图

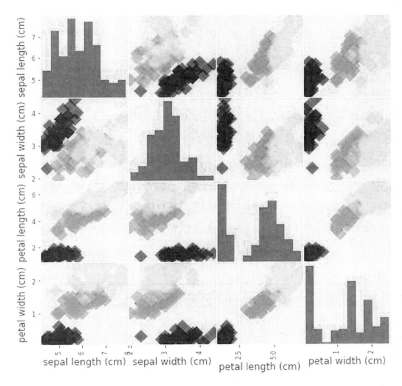

图13-8 直方图

在此使用pandas.plotting的scatter_matrix方法创建了鸢尾花数据集的矩阵散点图。简而言之，矩阵散点是将指定的每一列相对于其他列进行绘图，可以将其视为矩阵的对角线。

（7）为了知道所选模型是否合适，将保留一些未应用于算法的数据。这意味着，将使用这些数据来获得有关最佳模型实际准确度的第二个独立验证。我们把加载的数据集分成两组——其中80%用于训练模型，保留20%作为验证数据集。在测试和应用机器学习解决方案时，拆分数据集是一个重要且强烈建议的步骤，如图13-9所示。

```
validation_size = 0.20
seed = 7
from sklearn import model_selection
X_train, X_validation, Y_train, Y_validation = model_selection.train_test_split(X, y,
                                                              test_size=validation_size,
                                                              random_state=seed)
```

图13-9 拆分数据集

在此使用了 sklearn 的 model_selection 包的 train_test_split() 函数。该函数将数组或矩阵拆分为随机训练和测试子集。在该函数中,传递特征数据作为第一个参数,目标作为第二个参数,原始测试数据的比例作为测试大小(test_size),最后是生成随机数的种子。此函数返回 4 个数组——训练数据、测试数据、训练标签和测试标签,因此把这 4 个数组分别解压成名称为 X_train、X_validation、Y_train 和 Y_validation 的变量。现在 X_train 和 Y_train 中包含了用于准备模型的训练数据,X_validation 和 Y_validation 中包含了稍后用作验证的数据集。

(8)为了估计模型的准确性,可以使用交叉验证技术(Cross-Validation Technique),这是一种用于估计机器学习模型能力的统计方法,通常在应用机器学习中用于比较和选择给定预测建模问题的模型。在此使用 10 代替 k,因此 10 折交叉验证会把数据集分成 10 份——9 份用于训练,1 份用于测试;然后重复拆分生成不同的训练—测试数据集组合。

13.6 为何要进行训练/测试拆分和交叉验证

为了理解训练/测试拆分和交叉验证的重要性,需要首先了解机器学习中的两类问题——模型的过拟合(Overfitting)和欠拟合(Underfitting)。过拟合意味着模型被训练得"太好"了,导致现在模型与训练数据集的拟合度太高;这通常发生在模型过于复杂的情况下(与观测值的数量相比,特征/变量太多了)。这种模型在训练数据上非常精确,但在未训练或新数据上可能非常不精确。这是因为模型没有被泛化,意味着尚有提高结果泛化能力的空间,此时还不能对其他数据做出任何推断,但这正是最终要做的事情。与过拟合相反,欠拟合意味着当模型拟合不足时,模型与训练数据不拟合,因此忽略了数据中的趋势,同时也意味着模型不能被泛化应用于新数据。

训练/测试拆分与交叉验证有助于更多地避免过拟合而非欠拟合。但是训练/测试拆分确实有它的危险性——如果所做的拆分不是随机的呢?为了避免这种情况,要执行交叉验证。它与训练/测试拆分非常相似,但适用于更多的子集。也就是说,把数据分成 k 个子集,然后训练其中的 k–1 个子集,保留最后一个子集进行测试。每个子集都可以这么做。

(1)使用度量标准——准确率(Accuracy)来评估模型。在分类中,准确率是衡量模型性能的常用指标。它是用正确预测的实例数除以数据集中的实例总数再乘以 100 得出的百分比(如 95% 的准确率)。下一步将在构建和评估每个模型时使用得分(scoring)变量,如图 13-10 所示。

```
seed = 7
scoring = 'accuracy'
```

图 13-10 引入准确率

（2）在测试算法之前，我们并不知道哪种算法适合解决问题，或者要使用哪些配置。从图形中得到了信息，即某些类在某些维度上是部分线性可分的，因而期望能得到好的结果。在此，要应用一些分类算法并对每个模型进行评估。为此，在每次运行之前重置随机数种子，以确保在评估每个算法时使用完全相同的数据拆分。这样确保了结果的直接可比性。因为必须为要使用的全部算法重复同一个逻辑，所以在这种情况下要借助 for 循环。导入所需的算法，如逻辑回归、线性判别分析、K-最近邻、决策树分类器、高斯朴素贝叶斯和支持向量分类器，然后运行图 13-11 中的代码单元。

```
#Check Algorithms
models = []
models.append(('LR', LogisticRegression()))
models.append(('LDA', LinearDiscriminantAnalysis()))
models.append(('KNN', KNeighborsClassifier()))
models.append(('CART', DecisionTreeClassifier()))
models.append(('NB', GaussianNB()))
models.append(('SVM', SVC()))
# evaluate each model in turn
results = []
names = []
for name, model in models:
    kfold = model_selection.KFold(n_splits=10, random_state=seed)
    cv_results = model_selection.cross_val_score(model, X_train, Y_train, cv=kfold, scoring=scoring)
    results.append(cv_results)
    names.append(name)
    msg = "%s: %f (%f)" % (name, cv_results.mean(), cv_results.std())
    print(msg)

LR: 0.966667 (0.040825)
LDA: 0.975000 (0.038188)
KNN: 0.983333 (0.033333)
CART: 0.975000 (0.038188)
NB: 0.975000 (0.053359)
SVM: 0.991667 (0.025000)
```

图 13-11 使用多种分类算法评估模型

代码解析：首先初始化了一个空列表，在其中存储模型。接下来在这些模型中添加 6 种分类算法，以便比较每种算法的结果。为了逐个评估每个模型并保存它们的结果，定义了存储模型准确率的 results 变量和存储算法名称的 names 变量。这两个变量都属于列表类型。

在 for 循环中，下一步是迭代模型清单。在此迭代中，使用 model_selection 的 KFold() 函数，该函数提供了训练/测试索引以拆分训练/测试集中的数据。它将数据集分割成 k 个连续的折（默认情况下不洗牌）。

为了通过交叉验证来评估指标，并记录拟合/得分次数，使用了 cross_val_score() 函数。从输出来看，支持向量机或支持向量机分类器的估计准确率得分最高（99%）。

（3）还可以绘制模型评估结果图，如图13-12所示，并比较每个模型的分布和平均准确率。每种算法都有一组准确率度量数据，因为每种算法都被评估了10次（10层交叉验证）。

```
fig = plt.figure()
fig.suptitle('Compare Algorithm Accuracy')
ax = fig.add_subplot(111)
plt.boxplot(results)
ax.set_xticklabels(names)
plt.show()
```

图13-12　绘制模型评估结果图

在运行了图13-12中的代码后，结果如图13-13所示。

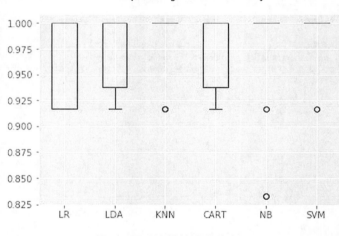

图13-13　比较算法准确率

（4）现在直接在验证集上运行支持向量机模型，并将结果汇总为最终准确率得分、混淆矩阵（Confusion Matrix）和分类报告（Classification Report）。记住，准确率并不总是一个可靠的信息指标，这就是为什么要通过计算混淆矩阵和生成分类报告来评估二元分类器（Binary Classifier）的性能。为了生成准确率得分和报告，要使用sklearn的分类度量模块。在此metrics.classification_report()会生成一个文本报告，显示主要的分类指标；metrics.confusion_matrix()会计算混淆矩阵来评估分类和度量的准确性；metrics.accurity_score()告诉人们模型的分类准确率得分，如图13-14所示。

为了训练模型，在图13-14的代码单元中使用了.fit()函数，它是很多训练算法的默认函数。在训练了模型之后，调用.predict()函数进行预测。在fit()方法中，传递了两个必需的参数——特征和目标，作为Numpy数组。sklearn接口只接受Numpy数组格式的数据。要记住的另一点是，数据中不应有任何缺失值，否则会出现意外错误。

```
#import required matrics
from sklearn.metrics import classification_report
from sklearn.metrics import confusion_matrix
from sklearn.metrics import accuracy_score

svm = SVC()
svm.fit(X_train, Y_train)
predictions = svm.predict(X_validation)
print(accuracy_score(Y_validation, predictions))
print(confusion_matrix(Y_validation, predictions))
print(classification_report(Y_validation, predictions))
0.9333333333333333
[[ 7  0  0]
 [ 0 10  2]
 [ 0  0 11]]
             precision    recall  f1-score   support

          0       1.00      1.00      1.00         7
          1       1.00      0.83      0.91        12
          2       0.85      1.00      0.92        11

avg / total       0.94      0.93      0.93        30
```

图13-14 评估支持向量机模型

从输出结果推断，准确率为0.933333或93%。混淆矩阵指出了3个错误的迹象。分类报告按精确率（precision）、召回率（recall）、f1值（f1-core）和支持度（support）对每一类进行了细分，评估结果令人满意（因为验证数据集很小）。支持度给出了每类中实际响应的样本数（在本示例中，即测试数据集中品种的数量）。

报告明细：分类报告是一个关于测试数据中每个元素的精确率/召回率/F1值的报告。在多分类问题中，不建议读取整个数据的精确率/召回率和F1值，因为任何的不平衡都会让人觉得已经得到了更优结果。混淆矩阵是对标签的详细描述。因此，在第一类（标签0）中有7个[7+0+0]点，模型成功地正确识别了标签0中的7个样本；同样看第二行：类一（标签1）有12[0+10+2]个点，但仅有10个被正确标记。

来到召回率/精确率，它们是评估系统工作性能的主要方法之一。现在第一个品种（称之为品种0）中有7个点，分类器从中能够正确地得到7个元素，可以想得到：7/7=1。现在只看表格中的第一列：有一个单元格的输入值是7，其余的都是零。这意味着分类器在品种0中标记了7个点，而这7个点的确都属于品种0，精确率是7/7=1。再看一看标记为2的列。在该列中，元素分布在两行，[0+2+11=13]中的11个被正确标记，余下的[2]个不正确，因此降低了精确率。

（5）把模型保存在磁盘上，这样下次不需要在笔记本中再次重复所有步骤，就能直接预测任何新的鸢尾花的品种。为此请使用 Python 的 `pickle` 库。`pickle` 库将机器学习算法序列化，并将已序列化的格式保存成文件，如图 13-15 所示。

```
# save the model to disk
import pickle
filename = 'finalized_model.sav'
pickle.dump(svm, open(filename, 'wb'))
# load the model from disk for next time you open this notebook
loaded_model = pickle.load(open(filename, 'rb'))
result = loaded_model.score(X_validation, Y_validation)
print(result)
0.9333333333333333
```

图 13-15　保存模型

运行图 13-15 中的示例代码将模型保存到本地工作目录下，命名为 `finalized_model.sav`。加载保存后的模型，评估模型对未知数据预测的精确率。稍后可以加载此文件来反序列化模型并使用它进行新预测。

13.7　解决回归机器学习问题

基于不同的数据有很多不同类型的回归问题。在本书中要学习的特定类型的回归称为广义线性模型。需要意识到的重要一点是，对于这一系列模型，需要选择一种感兴趣的回归类型。与回归有关的不同类型的数据如下所述，如图 13-16 所示。

- 线性：当预测值连续时（今天气温是多少？）。
- 逻辑：当预测的观测值属于某一类时（这是一辆轿车还是公交车？）。
- 泊松：当预测值可数时（在公园里会看到多少只猫？）。

	系列	数据类型
线性	高斯	连续
逻辑	二项	类别
泊松	泊松	可数

图 13-16　所探讨的 3 种回归速览

问题说明：使用 Gapminder 数据集。此数据集已处于干净的状态。Gapminder 是一家非营利性企业，旨在促进全球可持续发展和实现联合国千年发展目标，力求在地方、国家和全球层面更多地使用和了解有关社会、经济和环境发展的统计数字。

目标：利用这些数据，根据一个国家的 GDP、生育率和人口等特征来预测该国人口的预期寿命。

（1）把数据集加载到 Pandas 数据帧中，并检查列数和数据类型，如图 13-17 所示。

```
gapminder_df = pd.read_csv("E:/pg/bpb/BPB-Publications/Datasets/regression/gm_2008_region.csv")
gapminder_df.info()
<class 'pandas.core.frame.DataFrame'>
RangeIndex: 139 entries, 0 to 138
Data columns (total 10 columns):
population        139 non-null float64
fertility         139 non-null float64
HIV               139 non-null float64
CO2               139 non-null float64
BMI_male          139 non-null float64
GDP               139 non-null float64
BMI_female        139 non-null float64
life              139 non-null float64
child_mortality   139 non-null float64
Region            139 non-null object
```

图 13-17　加载数据集

注意事项：请记住，scikit-learn 不接受非数值的特征。在图 13-17 的示例中，Region 是一个分类变量，在把它包含在训练过程之前要进行处理，后文会介绍如何处理。

（2）在数据集中，目标变量是 life，而特征变量是 ferility。这两个变量都是 float 数据类型，但是 sklearn 接口仅接受的输入格式是 Numpy 数组，因此需要把变量转换为数组，如图 13-18 所示。

```
# Create arrays for features and target variable
y = gapminder_df['life'].values
X = gapminder_df['fertility'].values
```

图 13-18　创建特征与目标变量的数组

（3）如果检查变量的维度，如图 13-19 所示，那么会注意到只处理了一个特征变量，需要使用 sklearn 接口对其进行重塑。

```
# Print the dimensions of X and y before reshaping
print("Dimensions of target variable before reshaping: {}".format(y.shape))
print("Dimensions of feature variable before reshaping: {}".format(X.shape))

Dimensions of target variable before reshaping: (139,)
Dimensions of feature variable before reshaping: (139,)
```

图13-19　检查变量维度

在重塑这两个变量后，维度也会被更改，如图13-20所示。

```
# Reshape X and y
y = y.reshape(-1,1)
X = X.reshape(-1,1)
# Print the dimensions of X and y after reshaping
print("Dimensions of target after reshaping: {}".format(y.shape))
print("Dimensions of feature variable after reshaping: {}".format(X.shape))

Dimensions of target after reshaping: (139, 1)
Dimensions of feature variable after reshaping: (139, 1)
```

图13-20　重塑变量

（4）现在为了检查数据帧的不同特性之间的关联，可以借助heatmap函数。这次不使用matplotlib库，而使用seaborn库，因为它生成的图更漂亮。首先导入seaborn库，然后遵循图13-21中的代码示例。

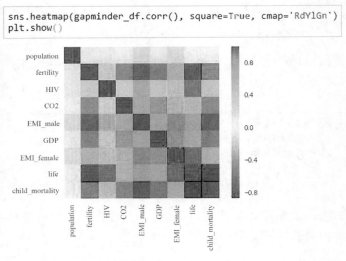

图13-21　heatmap()

在图13-21中，绿色单元格呈正相关，而红色单元格呈负相关。在此，可以说生命

（life）和生育率（Fertility）的相关性很差。线性回归应该能够捕捉到这种趋势。

接下来要使用线性回归来解决问题。在应用之前，首先来了解一下这个算法的一些基本原理。此算法试图将一条直线拟合到数据中，使其遵循以下等式：$y=ax+b$ 或更高维度的等式 $y=a_1x_1+a_2x_2+b$，其中 y 是目标，x 是单一特征，a 和 b 是要学习的模型参数。此处的第一个问题是如何选择 a 和 b？

为此给一条任意指定的直线定义了一个误差函数（error function），又称损失或成本函数，并选择使误差函数最小化的直线。在sklearn库中，当使用 fit() 方法训练数据时，它会自动在后台应用损失函数。此函数也被称为普通最小二乘法（Ordinary Least Squares，OLS）。该算法的默认准确率指标是 R^2（R平方），而不是分类问题中的准确率。

（5）请在数据集中应用线性回归，先不分割数据集，如图13-22所示。

```
# Import LinearRegression
from sklearn.linear_model import LinearRegression
# Create the regressor: reg
reg = LinearRegression()
# Create the prediction space
prediction_space = np.linspace(min(X), max(X)).reshape(-1,1)
# Fit the model to the data
reg.fit(X, y)
# Compute predictions over the prediction space: y_pred
y_pred = reg.predict(prediction_space)
# Print R^2
print(reg.score(X, y))
# Plot regression line
plt.plot(prediction_space, y_pred, color='black', linewidth=3)
plt.show()
0.6192442167740035
```

图13-22　应用线性回归

（6）现在把Gapminder数据集分成训练集和测试集，然后就像对分类问题所做的那样，对所有特性进行线性回归拟合和预测。除计算 R^2 分数外，还要计算均方根误差（Root Mean Squared Error，RMSE），这是另一个评估回归模型的常用指标。此处的 R^2 值（R平方）是一个用于评估回归机器学习问题预测能力的回归度量，如图13-23所示。

如果把图13-23中的输出与图13-22中的输出进行比较，很容易发现：所有特征提高了模型分数，模型拟合度从0.619增加到0.729。模型性能取决于数据的拆分方式。这合情合理，因为有更多的信息可以供模型学习。

```
# Import necessary modules
from sklearn.linear_model import LinearRegression
from sklearn.metrics import mean_squared_error
from sklearn.model_selection import train_test_split
# Create training and test sets
X_train, X_test, y_train, y_test = train_test_split(X, y, test_size = 0.3, random_state=42)
# Create the regressor: reg_all
reg_all = LinearRegression()
# Fit the regressor to the training data
reg_all.fit(X_train, y_train)
# Predict on the test data: y_pred
y_pred = reg_all.predict(X_test)
# Compute and print R^2 and RMSE
print("R^2: {}".format(reg_all.score(X_test, y_test)))
rmse = np.sqrt(mean_squared_error(y_test, y_pred))
print("Root Mean Squared Error: {}".format(rmse))

R^2: 0.7298987360907494
Root Mean Squared Error: 4.194027914110243
```

图13-23　计算R平方与均方根误差

（7）但是正如前文所述，交叉验证至关重要，因为它最大化了用于训练模型的数据量。在训练过程中，不仅训练了模型，还使用了所有可用的数据进行测试，如图13-24所示。

```
# Import the necessary modules
from sklearn.linear_model import LinearRegression
from sklearn.model_selection import cross_val_score
# Create a linear regression object: reg
reg = LinearRegression()
# Compute 5-fold cross-validation scores: cv_scores
cv_scores = cross_val_score(reg, X, y, cv=5)
# Print the 5-fold cross-validation scores
print(cv_scores)
# Print the average 5-fold cross-validation score
print("Average 5-Fold CV Score: {}".format(np.mean(cv_scores)))

[0.71001079 0.75007717 0.55271526 0.547501   0.52410561]
Average 5-Fold CV Score: 0.6168819644425119
```

图13-24　交叉验证

在图13-24的示例中，在Gapminder数据上应用了5折交叉验证。默认情况下，scikit-learn的cross_val_score()函数选择R^2（R平方）作为回归的度量。由于正在执行5折交叉验证，因此该函数将返回5个值；因此，计算得到了5个值，然后取它们的平均值。

注意事项：交叉验证是必不可少的，但不要忘记，使用的折数越多，交叉验证的计算成本就越高。

根据系统功能定义k。

由于线性回归通过为每个特征变量选择一个系数来最小化损失函数，因此选择的系数过大会导致模型过拟合。为了避免这种情况，可以改变损失函数，这种技术被称为正则化（Regularization）。这项技术试图找出最重要的特征，并将数值较大的系数压缩到几乎为零，仅留下重要的系数。两种在机器学习中广泛应用的正则化技术：套索回归（Lasso Regression）和岭回归（Ridge Regression）。

- 套索回归。执行L1正则化，即添加与系数绝对值大小相当的罚值。除收缩系数之外，套索还进行特征选择。部分系数在此时变为零，相当于从模型中排除特定的特征，主要用于防止过拟合和特征选择。套索回归中正则化参数的默认值（由alpha给出）是1。

- 岭回归。执行L2正则化，即添加与系数平方大小相等的罚值，包括模型中所有（或没有）的特征。因此，岭回归的主要优点是收缩系数和降低模型复杂度，主要用于防止过拟合。即使在特征高度相关的情况下，一般也能很好地运作，因为它将所有特征都包含在模型中，但系数会根据相关性在特征之间合理分布。

现在了解如何在乳腺癌研究数据集中通过Python应用套索。此数据集已包含在`sklearn`接口中。首先从`sklearn.linear_model`库中导入套索包，接着从`sklearn`接口导入乳腺癌数据集，然后在数据集中应用套索，如图13-25所示。

```
from sklearn.linear_model import Lasso
from sklearn.datasets import load_breast_cancer
cancer = load_breast_cancer()
print(cancer.keys())
print(cancer.data.shape)
cancer_df = pd.DataFrame(cancer.data, columns=cancer.feature_names)
X = cancer.data
Y = cancer.target
X_train,X_test,y_train,y_test=train_test_split(X,Y, test_size=0.3, random_state=31)
lasso = Lasso()
lasso.fit(X_train,y_train)
train_score=lasso.score(X_train,y_train)
test_score=lasso.score(X_test,y_test)
coeff_used = np.sum(lasso.coef_!=0)
print("training score:", train_score )
print("test score: ", test_score)
print("number of features used: ", coeff_used)
plt.xlabel('Coefficient Index',fontsize=16)
plt.ylabel('Coefficient Magnitude',fontsize=16)
plt.legend(fontsize=13,loc=4)
plt.subplot(1,2,2)
plt.plot(lasso.coef_,alpha=0.7,linestyle='none',marker='*',markersize=5,color='red',label=r'Lasso; $\alpha = 1$',zorder=7)
plt.tight_layout()
plt.show()
```

图13-25　在数据集中应用套索回归

在运行图13-25中的代码单元后，将看到输出如图13-26所示。

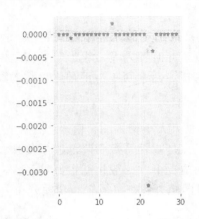

```
dict_keys(['data', 'target', 'target_names', 'DESCR', 'feature_names'])
(569, 30)
training score: 0.5600974529893079
test score:   0.5832244618818156
number of features used:  4
```

图13-26　输出结果

在示例数据集中，最初共有30个特征，但在应用套索回归时，只使用了4个特征；其余的都缩小为零（见图13-26中的五角星）。训练和测试的分数分别为56%和58%（都很低），意味着模型欠拟合。现在通过增加迭代次数和减小alpha来消除欠拟合。试一试alpha=0.0001,feature=22[lasso=Lasso(alpha=0.0001,max_iter=10e5)]，看一看能得到多高的准确率！

接下来学习如何在Python中应用岭回归。在此将使用来自sklearn接口的波士顿房价数据集，如图13-27所示。

```
from sklearn.datasets import load_boston
from sklearn.linear_model import Ridge
boston=load_boston()
boston_df=pd.DataFrame(boston.data,columns=boston.feature_names)
boston_df['Price']=boston.target
newX=boston_df.drop('Price',axis=1)
newY=boston_df['Price']
```

图13-27　在数据集中应用岭回归

图13-27中的轴=1(axis=1)意味着逻辑应用于行，在此之前已经从数据帧中将目标列——Price分离出，然后把它存储为目标列。

```
X_train,X_test,y_train,y_test=train_test_split(newX,newY,test_size=0.3,random_state=3)
print(len(X_test), len(y_test))
lr = LinearRegression()
lr.fit(X_train, y_train)
rr = Ridge(alpha=0.01)
rr.fit(X_train, y_train)
train_score=lr.score(X_train, y_train)
test_score=lr.score(X_test, y_test)
Ridge_train_score = rr.score(X_train,y_train)
Ridge_test_score = rr.score(X_test, y_test)
print("linear regression train score:", train_score)
print("linear regression test score:", test_score)
print("ridge regression train score low alpha:", Ridge_train_score)
print("ridge regression test score low alpha:", Ridge_test_score)
plt.plot(rr.coef_,alpha=0.7,linestyle='none',marker='*',markersize=5,color='red',label=r'Ridge; $\alpha = 0.01$',zorder=7)
plt.plot(lr.coef_,alpha=0.4,linestyle='none',marker='o',markersize=7,color='green',label='Linear Regression')
plt.xlabel('Coefficient Index',fontsize=16)
plt.ylabel('Coefficient Magnitude',fontsize=16)
plt.legend(fontsize=13,loc=4)
plt.show()
```

图13-28　对比岭回归与线性回归

在图13-28中，在 x 轴上绘制系数指标，这些是数据集的特征。波士顿数据集示例共有13个特征。

在运行了图13-28中的代码单元后，输出结果如图13-29所示。

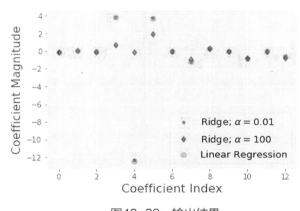

图13-29　输出结果

会注意到，在图13-29中，低 alpha(0.01) 值被标记为五角星，当系数限制较少时，岭回归的系数大小几乎与线性回归相同。当尝试使用 alpha=100 时，会发现对于更高的 alpha(100) 值且系数指数为3、4、5时，与线性回归的情况相比，岭回归的系数要小得多。通过上述练习，可以说套索很适用于特征选择，但当建立回归模型时，岭回归应该是首选。

读者也许已经有所察觉，本书所遵循的解决分类和回归问题的步骤，具有相似性。简单地概括常见的步骤如下。

（1）执行必要的导入。

（2）实例化分类器或回归器。

（3）将数据集拆分为训练和测试集。

（4）使用训练数据拟合模型。

（5）使用测试集预测。

13.8 如何调整机器学习模型

到目前为止，已经学习了构建机器学习模型所需的步骤；但有时，实现模型并不是最终的解决方案，可能还需要对模型进行微调以获得更好的准确率。上文解释过的示例模型还可以进行微调，方式如下所述。

（1）通过在套索/岭回归中选择正确的 alpha 参数值。

（2）通过在 KNN 中选择正确的 n_neighbors 参数值。

在训练模型之前选择上述参数，它们被称为超参数（Hyperparameter）。这些参数无法通过拟合模型来学习。那怎么选对呢？截至目前，只找到了一个可行的解决方案——尝试使用不同的超参数值，分别将它们拟合并进行交叉验证，然后比较结果后选择正确的超参数值。

现在要学习如何使用 GridSearchCV 库来执行相同的操作，该库为估计器穷举搜索指定的参数值。在这里，只需要把超参数指定为字典，其中键是超参数的名称，如 alpha 或 n_neighbors，而字典中的值是一个含有为相关超参数选择的值的列表。

看一看如何将 GridSearchCV 与逻辑回归结合使用。逻辑回归有一个参数——C，它控制着正则化强度的倒数，因此大的 C 可能导致模型过拟合，而小的 C 可能造成模型欠拟合。现在看一看如何设置超参数网格（c_space）并对糖尿病数据集执行网格搜索和交叉验证。该数据集是基于糖尿病患者的相关数据，以供 1994 年 AAAI 春季医学人工智能研讨会的参与者使用，如图 13-30 所示。

```
from sklearn.linear_model import LogisticRegression
from sklearn.model_selection import GridSearchCV

df = pd.read_csv("E:/pg/bpb/BPB-Publications/Datasets/diabetes.csv")
print(df.columns)

y=df['diabetes']
X=df.drop('diabetes',axis=1)

#Setup the hyperparameter grid
c_space = np.logspace(-5, 8, 15)
param_grid = {'C': c_space}

logreg = LogisticRegression()
logreg_cv = GridSearchCV(logreg, param_grid, cv=5)
logreg_cv.fit(X, y)

print("Tuned Logistic Regression Parameters: {}".format(logreg_cv.best_params_))
print("Best score is {}".format(logreg_cv.best_score_))
```

图13-30　GridSearchCV与逻辑回归

代码的运行结果如图13-31所示。在 `param_grid` 变量中，还可以使用 `penalty` 参数和C来指定使用L1或L2正则化。

```
Index(['pregnancies', 'glucose', 'diastolic', 'triceps', 'insulin', 'bmi',
       'dpf', 'age', 'diabetes'],
      dtype='object')
Tuned Logistic Regression Parameters: {'C': 163789.3706954068}
Best score is 0.7721354166666666
```

图13-31　运行结果

在图13-31的输出结果中，将糖尿病患者的不同特征作为列。通过设置适当的超参数网格，获得了逻辑回归模型的最佳分数。

GridSearchCV的一个缺点是，它的计算成本很高，特别是当在一个大型超参数空间上搜索并处理多个超参数时。也可以使用 `RandomizedSearchCV` 作为替代方案，从指定的概率分布中采样固定数量的超参数设置。现在了解如何在决策树分类器中使用它。顾名思义，决策树分类器以树型结构组织了一系列问题和条件。决策树分类器提出了一系列精心设计的有关测试记录属性的问题。每次收到答案时，都会接着提出一个新问题，直到对记录的类标签有结论为止，如图13-32所示。

在图13-32的代码单元中，使用 `RandomizedSearchCV` 设置超参数网格来寻找最佳参数，结果找到了超参数 `criterion`、`max_depth` 和 `min_simple_leaf` 的最佳值分别为entropy、3和4。现在认识到超参数调整技能取决于实践了吧。越用不同的算法尝试不同的参数，就越能理解。

```
# Import necessary modules
from scipy.stats import randint
from sklearn.tree import DecisionTreeClassifier
from sklearn.model_selection import RandomizedSearchCV

param_dist = {"max_depth": [3, None],
              "max_features": randint(1, 9),
              "min_samples_leaf": randint(1, 9),
              "criterion": ["gini", "entropy"]}

tree = DecisionTreeClassifier()
tree_cv = RandomizedSearchCV(tree, param_dist, cv=5)

tree_cv.fit(X, y)

print("Tuned Decision Tree Parameters: {}".format(tree_cv.best_params_))
print("Best score is {}".format(tree_cv.best_score_))

Tuned Decision Tree Parameters: {'criterion': 'entropy', 'max_depth': 3, 'max_features': 7, 'min_samples_leaf': 4}
Best score is 0.7447916666666666
```

图13-32 RandomizedSearchCV

13.9 如何处理sklearn中的分类变量

如果还记得,在前文的Gapminder数据集示例中有一个分类变量Region,但这种类型的变量不被sklearn接口接受。需要学习如何处理这种情况,因为有时候对这些变量置之不理也不是一件好事。有一种把非数值变量转换成sklearn所需格式的方法是使用Pandas的 `get_dummies()` 函数进行二值化,如图13-33所示。

```
# handling categorical variable 'Region' by binarizing it(creating dummy variables)
# Create dummy variables: df_region
df_region = pd.get_dummies(df)

# Print the columns of df_region
print(df_region.columns)

# Drop 'Region_America' from df_region
df_region = pd.get_dummies(df, drop_first=True)

# Print the new columns of df_region
print(df_region.columns)
```

图13-33 转换分类变量格式

在此,`pd.get_dummies(df)` 正在将数据帧的分类变量转换为哑变量或指示变量。在运行图13-33的代码单元后,将看到Region列以区域名称作为后缀,如图13-34所示。

```
Index(['population', 'fertility', 'HIV', 'CO2', 'BMI_male', 'GDP',
       'BMI_female', 'life', 'child_mortality', 'Region_America',
       'Region_East Asia & Pacific', 'Region_Europe & Central Asia',
       'Region_Middle East & North Africa', 'Region_South Asia',
       'Region_Sub-Saharan Africa'],
      dtype='object')
```

图13-34 运行结果

现在对整个Gapminder数据集执行回归，如图13-35所示。

```
from sklearn.model_selection import cross_val_score
from sklearn.linear_model import Ridge

ridge = Ridge(alpha=0.5, normalize=True)
y=df_region['life'].values
X=df_region.drop('life', axis=1).values

# Perform 5-fold cross-validation: ridge_cv
ridge_cv = cross_val_score(ridge, X, y, cv=5)
print(ridge_cv)

[0.86808336 0.80623545 0.84004203 0.7754344  0.87503712]
```

图13-35　对整个数据集执行回归

图13-35中的`axis=1`意味着在行中应用逻辑；若要对列进行操作，则将其改为`axis=0`。

13.10　处理缺失数据的高级技术

在本书的前几章中，已经学习了处理缺失数据的方法：删除数据或用平均值、中位数、众数或前向/后向值替换数据。但是如果数据集有许多零值呢？在此，将学习如何使用sklearn接口来处理此类值。sklearn.preprocessing具有Imputer包，其中有`transform()`函数，可以使用该函数通过以下方式填充比马印第安人糖尿病数据集（Pima Indians Diabetes Dataset）中的零/缺失值，该数据集涉及在特定医疗细节的情况下预测比马印第安人5年内的糖尿病发病率，如图13-36所示。

```
df = pd.read_csv('E:/pg/bpb/BPB-Publications/Datasets/pimaindians-diabetes.data.csv',header = None)
df.info()

<class 'pandas.core.frame.DataFrame'>
RangeIndex: 768 entries, 0 to 767
Data columns (total 9 columns):
0    768 non-null int64
1    768 non-null int64
2    768 non-null int64
3    768 non-null int64
4    768 non-null int64
5    768 non-null float64
6    768 non-null float64
7    768 non-null int64
8    768 non-null int64
dtypes: float64(2), int64(7)
```

图13-36　读取数据集

在检查数据集的缺失值计数后，会发现此处没有任何缺失值，如图13-37所示。

```
missing_values_count = df.isnull().sum()
print("count of missing values:\n", missing_values_count)
count of missing values:
 0    0
 1    0
 2    0
 3    0
 4    0
 5    0
 6    0
 7    0
 8    0
```

图13-37　检查数据集缺失值

但是不应该盲目相信图13-37中的结果，必须进行如图13-38所示的统计分析才行。

df.describe()	0	1	2	3	4	5	6	7	8
count	768.000000	768.000000	768.000000	768.000000	768.000000	768.000000	768.000000	768.000000	768.000000
mean	3.845052	120.894531	69.105469	20.536458	79.799479	31.992578	0.471876	33.240885	0.348958
std	3.369578	31.972618	19.355807	15.952218	115.244002	7.884160	0.331329	11.760232	0.476951
min	0.000000	0.000000	0.000000	0.000000	0.000000	0.000000	0.078000	21.000000	0.000000
25%	1.000000	99.000000	62.000000	0.000000	0.000000	27.300000	0.243750	24.000000	0.000000
50%	3.000000	117.000000	72.000000	23.000000	30.500000	32.000000	0.372500	29.000000	0.000000
75%	6.000000	140.250000	80.000000	32.000000	127.250000	36.600000	0.626250	41.000000	1.000000
max	17.000000	199.000000	122.000000	99.000000	846.000000	67.100000	2.420000	81.000000	1.000000

图13-38　统计分析

比较最小值与数据帧的列。由于这是糖尿病数据，因此该数据的许多属性不能为零，例如血压或体重指数，因此，必须用逻辑值替换零值。这种观察是很重要的，必须仔细检查数据和问题。

首先用实际缺失值——NaN替换部分列的零值，然后再处理NaN，如图13-39所示。

正如所知，数据集的缺失值可能会导致某些机器学习算法（如线性判别分析或LDA算法）出现错误，现在归责这些值，然后应用LDA，如图13-40所示。

现在可以轻而易举地对归责后的数据应用LDA算法，如图13-41所示。

接下来看一看另一个使用管道（Pipeline）对象和被称为支持向量机分类器的算法进行归责的例子，如图13-42所示。

```python
# mark some columns zero values as missing or NaN
import numpy as np
df[[1,2,3,4,5]] = df[[1,2,3,4,5]].replace(0, np.NaN)
print(df.isnull().sum())

0      0
1      5
2     35
3    227
4    374
5     11
6      0
7      0
8      0
```

图13-39　标记部分列的零值为缺失或NaN

```python
from sklearn.preprocessing import Imputer
# fill missing values with mean column values
values = df.values
imputer = Imputer()
transformed_values = imputer.fit_transform(values)
# count the number of NaN values in each column
print(np.isnan(transformed_values).sum())

0
```

图13-40　填充缺失值

```python
# evaluate an LDA model on the dataset using k-fold cross validation
model = LinearDiscriminantAnalysis()
kfold = KFold(n_splits=3, random_state=7)
result = cross_val_score(model, transformed_values, y, cv=kfold, scoring='accuracy')
print(result.mean())
0.7669270833333334
```

图13-41　评估LDA模型

```python
from sklearn.preprocessing import Imputer
from sklearn.svm import SVC
imp = Imputer(missing_values='NaN', strategy='most_frequent', axis=0)

# Instantiate the SVC classifier: clf
clf = SVC()

# Setup the pipeline with the required steps: steps
steps = [('imputation', imp),
         ('SVM', clf)]
```

图13-42　实例化SVC分类器并设定管道对象

图13-42中的`steps`变量是一个元组列表，其中第一个元组由归责步骤组成，第二个元组由分类器组成。这是用于归责的管道概念。在设置之后，可以使用它进行分类，如图13-43所示，评估结果如图13-44所示。

```python
from sklearn.preprocessing import Imputer
from sklearn.pipeline import Pipeline
from sklearn.svm import SVC
from sklearn.model_selection import train_test_split
from sklearn.metrics import classification_report

# Setup the pipeline steps: steps
steps = [('imputation', Imputer(missing_values='NaN', strategy='most_frequent', axis=0)),
         ('SVM', SVC())]

# Create the pipeline: pipeline
pipeline = Pipeline(steps)

# Create training and test sets
X_train, X_test, y_train, y_test = train_test_split(X, y, test_size=0.3, random_state=42)

# Fit the pipeline to the train set
pipeline.fit(X_train, y_train)

# Predict the labels of the test set
y_pred = pipeline.predict(X_test)

# Compute metrics
print(classification_report(y_test, y_pred))
```

图13-43　应用管道对象与SVC

```
             precision    recall  f1-score   support

        0.0       0.65      1.00      0.79       151
        1.0       0.00      0.00      0.00        80

avg / total       0.43      0.65      0.52       231
```

图13-44　评估结果

13.11　小结

现在已经学习了基础知识和一些监督式机器学习算法的高级技术，还解决了一个现实世界的监督式问题；但是在这个领域还有很多东西需要探索和学习。只有自己尽可能多地尝试不同的方法和算法才能做到这一点，还是那句老话：寻千里之志，赏朝花夕月，莫轻好时光。本书的第14章将介绍无监督式机器学习。

第14章
无监督式机器学习

与分类和回归方法相比,无监督式机器学习算法的主要特点是输入的数据没有标签(没有给出标签或类),此类算法要在没有任何帮助的情况下学习数据结构。无监督式机器学习的世界——不是通过某项预测任务来指导或监督模式的发现,而是自行从无标签的数据中发现隐藏的结构。无监督式机器学习包含了机器学习的各种技术,从聚类到降维再到矩阵分解。本章将介绍无监督式机器学习的基本原理和使用scikit-learn和scipy实现基本算法的方法。

本章结构

- 为何选择无监督式机器学习。
- 无监督式机器学习技术。
- 案例研究。
- 验证无监督式机器学习。

本章主旨

在学习和实践本章的内容之后,读者可以熟悉无监督式机器学习,并且能够完成聚类、转换、可视化和从无标签的数据集中提取见解。

14.1 为何选择无监督式机器学习

在无监督式机器学习中输入值（训练数据）是无标签的，并且没有提供输出结果来验证学习过程的效率。然而，一旦完成训练，就能够对数据作标签，所描述的过程与人类通过经验获得知识类似。即使机器在一片迷茫中工作，它还是能够设法从输入数据（如图像、文本）的概率分布中提取特征和模式。

然而，如果有这么多有效且经过测试的有监督式的机器学习方法，为什么还需要无监督式机器学习呢？无监督式方法越来越受欢迎的原因主要有以下几点。

- 有时无法预知数据属于哪一类/类型。例如，在消费者细分问题中，我们不清楚消费者真正的共同点是什么，以及按照群体区分时有何不同。
- 结构化数据的成本可能很高，而且并不总是能够获得。监督式机器学习需要恰当标记、已清理和规范化的数据。更糟糕的是，许多人工智能初创企业可能根本没有访问结构化数据的渠道。为了获取训练人工智能系统所需的数据，初创企业必须从专业从事数据收集的商业数据集提供商处获得授权，以便进行监督式机器学习。
- 监督式方法适用于分类问题和预测，但不适用内容生成。当想要生成与原始训练数据相似的内容（如图像、视频）时，无监督式机器学习是一个很好的选择。
- 现在由于云计算能力和新型深度学习技术的成本降低，人们可以基于强大的GPU有效地将无监督式机器学习与神经网络结合。

14.2 无监督式机器学习技术

无监督式机器学习技术的一些应用包括以下几点。

（1）聚类（Clustering）允许根据相似性自动将数据集分组。然而，聚类分析通常会高估不同组之间的相似性，并且不会将数据点视为个体来处理。正因如此，对于客户细分和目标定位等应用场景，聚类分析是一个糟糕的选择。

（2）异常检测（Anomaly Detection）可以自动发现数据集中的异常数据点。在查明欺诈交易、发现硬件故障或识别数据输入过程中人为错误导致的异常值方面非常有用。

（3）关联规则挖掘（Association Mining）识别数据集中经常一起出现的项目集。零售商经常使用它来进行购物篮分析（Basket Analysis），因为它可以让分析师发现顾客经常同时购买的商品，从而制定更有效的营销和销售策略。

（4）隐变量模型（Latent Variable Model）通常用于数据预处理，例如减少数据集中的特征数量（降维）或将数据分解为多个组成成分。

本章将探讨的两种无监督式机器学习技术——按相似性对数据进行聚类分组和在保持数据结构和有用性的同时降维压缩数据。

14.2.1 聚类

聚类是将相似的实体归类分组的过程。这种无监督式机器学习技术的目标是发现数据点的相似性，并将相似的数据点组合在一起。这样做可以让人们深入地了解不同组别的基本模式。例如，通过区分不同的客户群，从而对每个客户群采取不同的市场化策略，以最大化收入。在处理数量庞大的变量时，聚类还用于降低数据的维度。当下流行并被广泛使用的聚类算法是 K 均值聚类、层次聚类（Hierarchical Clustering）。

1. K 均值聚类

在 K 均值聚类中，K 是输入，表示要查找的簇的数目。在该算法中，把 K 个质心（Centroid）放置在空间的随机位置，然后使用数据点与质心之间的欧几里得距离（Euclidean Distance），将每个数据点指定给离它较近的簇，然后重新计算归属到该簇的数据点的平均值并将其作为簇中心，再次重复上述步骤，直到不再发生变化。在数学中，欧几里得距离或欧几里得度量（Euclidean Metric）是欧几里得空间中两点之间的"普通"直线距离。随着距离的增加，欧几里得空间成为了一个度量空间，质心就像簇的心脏，捕捉最接近它们的点并将其添加到簇中。

读者可能在思考，在第一步如何决定 K 的值？其中一种被称为肘部（Elbow）的方法可用于确定最佳簇数，它的思路是在一定的 k 值范围内进行 K 均值聚类，并在 x 轴上绘制 K，在 y 轴上绘制解释方差百分比。例如，在图14-1中，会注意到当在 $k=3$ 之后添加更多簇时，并不能产生更好的数据建模结果。第一个簇增加了很多信息，但是在某个点，边际效益会开始下降。

图14-1的曲线形状看起来像人的肘部结构。看一看如何在真实数据集上应用 K 均值并评估簇。为了理解和练习示例代码，请加载在本书数据存储库的 code Bundle 文件夹中提供的无监督式机器学习笔记本。

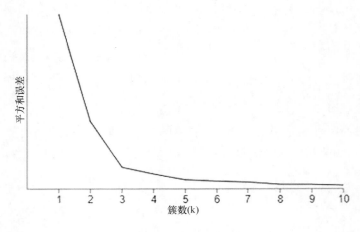

图14-1 肘部法

在接下来的练习中，将从特定的url地址中获取牌手训练/测试数据集，然后使用肘部法执行K均值，如图14-2所示。

```
# read training and test data from the url link and save the file to your working directory
url = "http://archive.ics.uci.edu/ml/machine-learning-databases/poker/poker-hand-training-true.data"
urllib.request.urlretrieve(url, "E:/pg/bpb/BPB-Publications/Datasets/unsupervised/poker_train.csv")
url2 = "http://archive.ics.uci.edu/ml/machine-learning-databases/poker/poker-hand-testing.data"
urllib.request.urlretrieve(url2, "E:/pg/bpb/BPB-Publications/Datasets/unsupervised/poker_test.csv")
# read the data in and add column names
data_train = pd.read_csv("E:/pg/bpb/BPB-Publications/Datasets/unsupervised/poker_train.csv", header=None,
              names=['S1', 'C1', 'S2', 'C2', 'S3', 'C3','S4', 'C4', 'S5', 'C5', 'CLASS'])
data_test = pd.read_csv("E:/pg/bpb/BPB-Publications/Datasets/unsupervised/poker_test.csv", header=None,
              names=['S1', 'C1', 'S2', 'C2', 'S3', 'C3','S4', 'C4', 'S5', 'C5', 'CLASS'])
```

图14-2 获取牌手数据集

在图14-2的代码单元中，首先使用`urllib.request.urlretrieve()`函数从url地址读取训练和测试数据，url是函数中必需的参数。此函数是将页面内容存储在变量中的简便方法之一，因此把训练和测试数据存储在url和url2变量中。

此处将训练和测试CSV文件保存在本地目录中；从该目录中读取文件并将其存储在Pandas数据帧中，以便后续处理。接着要划分出训练数据集的子集，如图14-3所示。

```
# subset clustering variables
cluster=data_train[['S1', 'C1', 'S2', 'C2', 'S3', 'C3','S4', 'C4', 'S5', 'C5']]
```

图14-3 子集的聚类变量

为了有效地对数据进行聚类，需要将特征标准化。为了使变量具有相同的权重，将使用 preprocessing.scale() 函数对它们进行缩放，如图14-4所示。

```
from sklearn import preprocessing
# standardize clustering variables to have mean=0 and sd=1 so that card suit and
# rank are on the same scale as to have the variables equally contribute to the analysis
clustervar = cluster.copy() # create a copy
clustervar['S1']=preprocessing.scale(clustervar['S1'].astype('float64'))
clustervar['C1']=preprocessing.scale(clustervar['C1'].astype('float64'))
clustervar['S2']=preprocessing.scale(clustervar['S2'].astype('float64'))
clustervar['C2']=preprocessing.scale(clustervar['C2'].astype('float64'))
clustervar['S3']=preprocessing.scale(clustervar['S3'].astype('float64'))
clustervar['C3']=preprocessing.scale(clustervar['C3'].astype('float64'))
clustervar['S4']=preprocessing.scale(clustervar['S4'].astype('float64'))
clustervar['C4']=preprocessing.scale(clustervar['C4'].astype('float64'))
clustervar['S5']=preprocessing.scale(clustervar['S5'].astype('float64'))
clustervar['C5']=preprocessing.scale(clustervar['C5'].astype('float64'))

# The data has been already split data into train and test sets
clus_train = clustervar
```

图14-4 标准化聚类变量

preprocessing.scale() 函数将沿着任意轴方向的数据集标准化[以平均值为中心，以分量为单位方差]。

为了计算输入的两个集合中每一对之间的距离，无须进行任何人为计算，使用 scipy.spatial.distance 的 cdist 库即可。在计算完距离后，遍历每个簇并将模型拟合到训练集中，然后生成预测的簇群分配，再用平均距离之和除以形状得到新的平均距离，如图14-5所示。

```
from sklearn.cluster import KMeans

# k-means cluster analysis for 1-10 clusters due to the 10 possible class outcomes for poker hands
from scipy.spatial.distance import cdist
clusters=range(1,20)
meandist=[]

# loop through each cluster and fit the model to the train set
# generate the predicted cluster assingment and append the mean distance my taking the sum divided
for k in clusters:
    model=KMeans(n_clusters=k)
    model.fit(clus_train)
    clusassign=model.predict(clus_train)
    meandist.append(sum(np.min(cdist(clus_train, model.cluster_centers_, 'euclidean'), axis=1))
    / clus_train.shape[0])

"""
Plot average distance from observations from the cluster centroid
to use the Elbow Method to identify number of clusters to choose
"""
plt.plot(clusters, meandist)
plt.xlabel('Number of clusters')
plt.ylabel('Average distance')
plt.title('Selecting k with the Elbow Method') # pick the fewest number of clusters that reduces th

Text(0.5,1,'Selecting k with the Elbow Method')
```

图14-5 K均值聚类分析

运行图14-5中的代码单元，输出结果如图14-6所示，3（见图中的x轴）将是K的正确选择，在此之后不会得到更好的模型。基本上，簇的数量等于肘部拐角处x轴对应的值（图形常常看起来像人的肘部结构）。

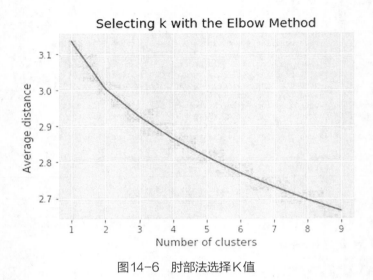

图14-6　肘部法选择K值

2. 层次聚类

与K均值聚类不同，层次聚类会先将每个数据点认定为一个簇；顾名思义，它构建了层次结构，下一步将两个最近的数据点合并到一个簇中。以下是实现此技术的步骤。

（1）从N个簇开始，把每个数据点看作一个簇。

（2）使用欧几里得距离找到距离最近的一对簇，然后把它们合并成一个簇。

（3）计算两个最近的簇之间的距离并合并，直至所有数据项聚集成了一个簇。

简而言之，可以通过注意哪些垂直线被水平线切割而不与簇相交并且覆盖了最大距离来确定簇的最佳数量。看一看如何在鸢尾花数据集上应用层次聚类，如图14-7所示。

在图14-7中使用`linkage()`函数和`ward`参数来获得鸢尾花样本的层次聚类，并使用`dendrogram()`来可视化结果。此处的`ward`是一种连接方法，可以最小化簇群之间的变量。在运行图14-7中的代码单元后，结果显示为如图14-8所示的树状图。

树状图可以很好地展示由层次聚类产生的簇群排列。在图14-8的示例中，还可以看到簇群之间的黑色水平直线。这条直线目前穿过3个簇，因此在这种情况下，簇的数量是3。

```
# calculate full dendrogram
from scipy.cluster.hierarchy import dendrogram, linkage
# generate the linkage matrix
Z = linkage(iris, 'ward')
# set cut-off to 50
max_d = 7.08              # max_d as in max_distance

plt.figure(figsize=(25, 10))
plt.title('Iris Hierarchical Clustering Dendrogram')
plt.xlabel('Species')
plt.ylabel('distance')
dendrogram(
    Z,
    truncate_mode='lastp',  # show only the last p merged clusters
    p=150,                  # Try changing values of p
    leaf_rotation=90.,      # rotates the x axis labels
    leaf_font_size=8.,      # font size for the x axis labels
)
plt.axhline(y=max_d, c='k')
plt.show()
```

图14-7 层次聚类

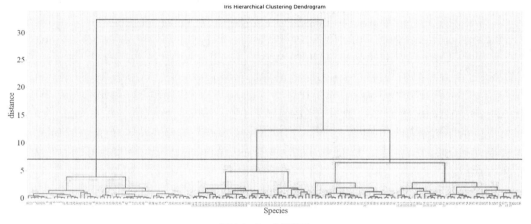

图14-8 树状图

请记住,虽然层次聚类不能很好地处理大数据,但是K均值聚类可以。在K均值聚类中,从任意选择的簇群开始,多次运行算法生成的结果可能有所不同,但是层次聚类的结果却是可再现的。

3. t-SNE

另一种在可视化中常用的聚类技术是t-分布随机邻域嵌入算法(t-distributed Stochastic Neighbor Embedding,t-SNE)。它基本上是把更高维空间映射到二维或三维空间,使高维数据可视化。从根本上来说,这是一种降维技术。

在鸢尾花数据集有4个度量的情况下,它的样本是四维(4D)。对于该数据集,t-SNE

技术可以将样本映射到二维（2D），方便可视化。在sklearn接口中，可以使用`sklearn.ma`库中的t-SNE，然后使用`fit_transform()`方法同时拟合模型与转换数据；但是这种方法存在限制——无法扩充添加新样本，每次都必须重新开始。一个重要的t-SNE参数是根据数据集选择的学习率（learning rate），建议选择50~200范围的值。这种技术的奇怪之处在于，每次在同一个数据集上应用t-SNE时会得到不同的可视化结果，不要因此而困惑。事实上，完全可以多次运行t-SNE（使用相同的数据和参数）并选择使目标函数值最低的可视化作为最终的可视化结果。这种技术的一个缺点是它很占用内存，所以在一台简易的计算机上应用时要小心，不然可能会出现内存报错。

看一看如何使用sklearn接口在MNIST数字数据集中应用t-SNE。可以使用`fetch_mldata`函数从`sklearn.datasets`接口加载此数据集，如图14-9中的代码所示。

```
from sklearn.datasets import fetch_mldata
mnist = fetch_mldata("MNIST original")
X = mnist.data / 255.0
y = mnist.target
print(X.shape, y.shape)

(70000, 784) (70000,)
```

图14-9　导入mnist数据集

如果在从sklearn接口加载数据时遇到任何问题，请从其他资源（如Google或Github）或本书提供的下载链接处下载数据集；接着导入基本库——Numpy和Pandas，然后将上述训练数据（X）转换为Pandas数据帧，再从刚才创建的数据帧中提取目标变量，如图14-10中的代码所示。

```
#convert the matrix and vector to a Pandas DataFrame
feat_cols = [ 'pixel'+str(i) for i in range(X.shape[1]) ]

df = pd.DataFrame(X,columns=feat_cols)
df['label'] = y
df['label'] = df['label'].apply(lambda i: str(i))

X, y = None, None

print('Size of the dataframe: {}'.format(df.shape))
Size of the dataframe: (70000, 785)
```

图14-10　转换为Pandas数据帧

接下来将随机抽取此数据集的子集。随机性很重要，因为数据集是按其标签排序的（约前7000个数据是零，诸如此类）。为了确保随机性，将创建一个0~69999的随机数字排列，以便后续为计算和可视化选择前5000或前10000个数字，如图14-11所示。

```
rndperm = np.random.permutation(df.shape[0])
```

图14-11 创建随机数字排列

现在有了数据帧和随机向量。来看一看这些数字到底是什么样子吧。为此，生成30个随机选择的图像。在运行图14-12中的代码之前，不要忘记将 matplotlib.pyplot 导入为plt。

```
plt.gray()
fig = plt.figure( figsize=(16,7) )
for i in range(0,30):
    ax = fig.add_subplot(3,10,i+1, title='Digit: ' + str(df.loc[rndperm[i],'label']) )
    ax.matshow(df.loc[rndperm[i],feat_cols].values.reshape((28,28)).astype(float))
plt.show()
```

图14-12 生成30个随机图像

图14-13中的图像是28像素×28像素，因此共有784个维度，每个维度都包含一个特定的像素值。我们能做的是大幅减少维度的数量，与此同时尽量保留信息中的变量。

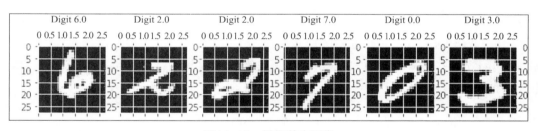

图14-13 随机数字图像

如果没有看到有实际图像或者对象输出，则需要在 plt.show() 行后面加上分号，即 plt.show();。

为了确保不会在内存和功耗/时间方面给机器增加负担，只在前7000个样本上运行算法，如图14-14所示。

```
import time
from sklearn.manifold import TSNE

n_sne = 7000

time_start = time.time()
tsne = TSNE(n_components=2, verbose=1, perplexity=40, n_iter=300)
tsne_results = tsne.fit_transform(df.loc[rndperm[:n_sne],feat_cols].values)

print('t-SNE done! Time elapsed: {} seconds'.format(time.time()-time_start))
```

图14-14 运行t-SNE算法

在图14-14的代码单元中,把7000个样本作为变量 `n_sne`,然后在 `TSNE()` 函数中,将嵌入空间的维数作为 `n_components` 变量,冗长级作为 `verbose`,最近邻居数作为 `perplexity`,并且将优化迭代次数的最大值作为 `n_iter` 参数。`fit_transform()` 方法将数据拟合进嵌入空间,并返回转换后的输出。

基于上述系统配置,输出结果如图14-15所示。

```
[t-SNE] Computing 121 nearest neighbors...
[t-SNE] Indexed 7000 samples in 0.329s...
[t-SNE] Computed neighbors for 7000 samples in 59.903s...
[t-SNE] Computed conditional probabilities for sample 1000 / 7000
[t-SNE] Computed conditional probabilities for sample 2000 / 7000
[t-SNE] Computed conditional probabilities for sample 3000 / 7000
[t-SNE] Computed conditional probabilities for sample 4000 / 7000
[t-SNE] Computed conditional probabilities for sample 5000 / 7000
[t-SNE] Computed conditional probabilities for sample 6000 / 7000
[t-SNE] Computed conditional probabilities for sample 7000 / 7000
[t-SNE] Mean sigma: 2.239101
[t-SNE] KL divergence after 250 iterations with early exaggeration: 83.187843
[t-SNE] Error after 300 iterations: 2.422179
t-SNE done! Time elapsed: 135.07717204093933 seconds
```

图14-15 输出结果

通过创建散点图,并根据各自的标签为每个样本上色,从而实现二维可视化。这次将使用 ggplot 可视化数据。若要用 conda 安装此程序包,请在 anaconda prompt 中运行以下命令之一。

- `conda install -c conda-forge ggplot`。
- `conda install -c conda-forge/label/gcc7 ggplot`。
- `conda install -c conda-forge/label/cf201901 ggplot`。

```
from ggplot import *
df_tsne = df.loc[rndperm[:n_sne],:].copy()
df_tsne['x-tsne'] = tsne_results[:,0]
df_tsne['y-tsne'] = tsne_results[:,1]

tsne_plot = ggplot( df_tsne, aes(x='x-tsne', y='y-tsne', color='label') ) \
        + geom_point(size=70,alpha=0.1) \
        + ggtitle("tSNE dimensions colored by digit")
tsne_plot
```

图14-16 绘制彩色散点图

一旦运行了图14-16中的代码,就能看到如图14-17所示的美丽图形。如果要获取的是对象而非图形,则需要在上图代码的最后一行之后运行 `tsne_plot.show()`。

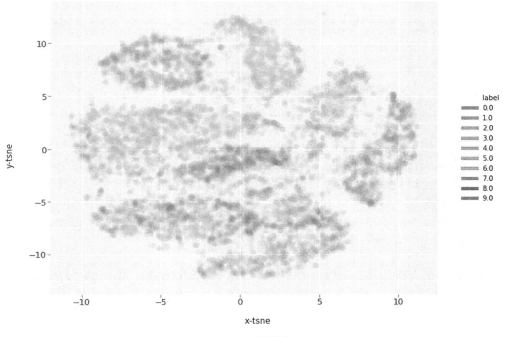

图 14-17　彩色散点图

可以看到，这些数字非常清晰地聚集在它们自己的群组中（请参见标签颜色，一种颜色表示一个数字）。在有更高维度数据的情况下，没有 t-SNE 就不能实现与之类似的可视化。

14.2.2　主成分分析

无监督式机器学习中常见的任务之一是降维。一方面，降维有助于数据可视化（如 t-SNA 方法）；另一方面，有助于处理数据的多重共线性，并为监督式机器学习方法（如决策树）准备数据。数据的多重共线性是数据中的一种干扰，如果存在于数据中，则会导致对数据所做的统计推断可能不可靠。主成分分析（Principal Component Analysis，PCA）是简单、直观且常用的降维方法之一。

PCA 将数据与轴对齐，即旋转数据样本以使其与轴对齐，这样就不会丢失任何信息。这里可以把主成分理解成方差的方向。看一看如何在学生信息数据集上应用 PCA。如果开始着手，不要忘记在运行图 14-18 中的代码之前再次运行所需的程序包，如 Pandas。

```
student_data_mat  = pd.read_csv("E:/pg/bpb/BPB-Publications/Datasets/unsupervised/PCA/student-mat.csv",delimiter=";")
student_data_por  = pd.read_csv("E:/pg/bpb/BPB-Publications/Datasets/unsupervised/PCA/student-por.csv",delimiter=";")
student_data = pd.merge(student_data_mat,student_data_por,how="outer")
student_data.head()
```

	school	sex	age	address	famsize	Pstatus	Medu	Fedu	Mjob	Fjob	...	famrel	freetime	goout	Dalc	Walc	health	absences	G1	G2	G3
0	GP	F	18	U	GT3	A	4	4	at_home	teacher	...	4	3	4	1	1	3	6	5	6	6
1	GP	F	17	U	GT3	T	1	1	at_home	other	...	5	3	3	1	1	3	4	5	5	6
2	GP	F	15	U	LE3	T	1	1	at_home	other	...	4	3	2	2	3	3	10	7	8	10
3	GP	F	15	U	GT3	T	4	2	health	services	...	3	2	2	1	1	5	2	15	14	15
4	GP	F	16	U	GT3	T	3	3	other	other	...	4	3	2	1	2	5	4	6	10	10

5 rows × 33 columns

图 14-18　学生信息数据集

这个数据集包含了两所葡萄牙中学学生的成绩明细，数据属性包括学生成绩、人口统计、社会和学校相关特征。相关数据是通过学校报告和问卷调查收集的，提供了关于两个不同学科表现的两个数据集：数学（mat）和葡萄牙语（por）。在本示例中，目标属性 G3 与属性 G2 和 G1 之间有很强的相关性，G3 是最后一学年的成绩（在第三学年发布），而 G1 和 G2 分别对应第一和第二学年的成绩。

本示例中的有些列看起来像分类变量，一起来处理这些列，如图 14-19 所示。

```
student_data.isnull().values.any()

False

col_str = student_data.columns[student_data.dtypes == object]

from sklearn.preprocessing import LabelEncoder
lenc = LabelEncoder()
student_data[col_str] = student_data[col_str].apply(lenc.fit_transform)
```

图 14-19　处理分类变量

接着使用 .corr() 函数检查数据集的 G1、G2 和 G3 列之间的相关性，如图 14-20 所示。

```
print(student_data[["G1","G2","G3"]].corr())
          G1        G2        G3
G1  1.000000  0.858739  0.809142
G2  0.858739  1.000000  0.910743
G3  0.809142  0.910743  1.000000
```

图 14-20　检查相关性

从图 14-20 的输出单元中，很容易判断出 G1、G2 和 G3 是高度相关的，丢弃 G1 和 G2 以便后续分析，如图 14-21 所示。

```
# Since, G1,G2,G3 have very high correlation, we can drop G1,G2
student_data.drop(axis = 1,labels= ["G1","G2"])
```

图14-21　丢弃G1和G2

下一步是从数据集中分离目标和样本，然后使用`sklearn.decomposition`包轻松应用PCA。此处的目标变量是G3，将它与数据集分离。在图14-22的代码单元中，将目标放在`label`变量中，其余数据放在`predictors`变量中；从`sklearn.decomposition`接口导入PCA库，并使用`PCA()`函数进行初始化；使用`.fit()`方法训练数据，并使用`explained_variance_ration()`方法获取每个所选部分解释方差的百分比；使用`numpy`的`cumsum()`方法，返回特定轴上元素的累积和。

```
label = student_data["G3"].values
predictors = student_data[student_data.columns[:-1]].values

from sklearn.decomposition import PCA
pca = PCA(n_components=len(student_data.columns)-1)
pca.fit(predictors)
variance_ratio = pca.explained_variance_ratio_
variance_ratio_cum_sum=np.cumsum(np.round(pca.explained_variance_ratio_, decimals=4)*100)
print(variance_ratio_cum_sum)
plt.plot(variance_ratio_cum_sum)
plt.show()
```

图14-22　应用PCA

此处的方差是指总和方差、多元变异性、整体变异性或总体变异性。主成分分析用新变量替换原始变量，称新变量为主成分，它们是正交的（其协变量为零）并且方差（称为特征值）是递减的。在运行完图14-22的代码单元后，输出结果如图14-23所示。

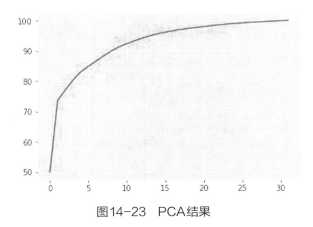

图14-23　PCA结果

在图14-23的输出中，红线是回归线，亦称模型预测值的集合。已解释方差可以理解为回归线的垂直距离（从线的最低点到其最高点）与数据的垂直距离（从最低数据点到最高数据点）的比率。

14.3 案例研究

到目前为止，认真学习的读者肯定已经掌握了回归技术的基本知识，是时候把知识应用到实际问题上了。本章节将MNIST计算机视觉数据集作为示例案例研究，该数据集由28像素×28像素的数字图像组成。导入训练数据，如图14-24所示。

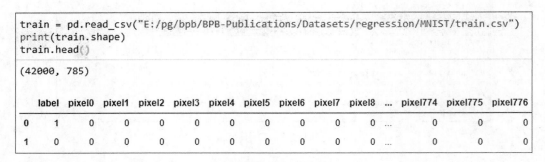

图14-24　导入训练数据

MNIST集合由42000行和785列（784列数据与1个额外的标签列）组成。标签列本质上是一个类标签，用于说明对每个数字的行贡献度是1还是9。每行都包含一个0～1的值，作用是描述每个像素的强度。

首先保存标签特征，然后将其从数据帧中移除，以此清理训练数据，如图14-25所示。

```
# save the labels to a Pandas series target
target = train['label']
# Drop the label feature
train = train.drop("label",axis=1)
```

图14-25　移除标签

由于数据集包含了大量的特征（列），因此现在是应用降维法（PCA）的好时机。观察MNIST数据集中数字的变化可能会发现有用信息，为了实现这一点，现在来计算协方差矩阵的特征向量和特征值，如图14-26所示。

```
# Standardizing MNIST dataset features by removing the mean and scaling to unit variance
from sklearn.preprocessing import StandardScaler
train_X = train.values
train_X_std = StandardScaler().fit_transform(train_X)

# Calculating Eigenvectors and Eigenvalues of Covariance matrix
covariance_matrix = np.cov(train_X_std.T)
eigen_values, eigen_vectors = np.linalg.eig(covariance_matrix)

# Creating a list of (eigenvalue, eigenvector)
eigen_pairs = [ (np.abs(eigen_values[i]),eigen_vectors[:,i]) for i in range(len(eigen_values))]

# Sorting the eigenvalue, eigenvector pair from high to low
eigen_pairs.sort(key = lambda x: x[0], reverse = True)

# Calculating Individual and Cumulative explained variance
total_eigen_values = sum(eigen_values)
indivisual_exp_var = [(i/total_eigen_values)*100 for i in sorted(eigen_values, reverse=True)]
cumulative_exp_var = np.cumsum(indivisual_exp_var)
```

图14-26　计算特征向量与特征值

在计算个体可解释方差（Individual Explained Variance）和累计可解释方差（Cumulative Explained Variance）值之后，使用Plotly可视化包生成交互式图表给予展示。导入所需的Plotly库。如果笔记本中尚未安装此库，请使用命令 `conda install-c plotly plotly` 进行安装，如图14-27所示。

```
import plotly.offline as py
py.init_notebook_mode(connected=True)
from plotly.offline import init_notebook_mode, iplot
import plotly.graph_objs as go
import plotly.tools as tls
import seaborn as sns
```

图14-27　导入绘图库

使用Plotly绘制一个简单的散点图。由于图形是交互式的，因此可以上下移动。在图14-28的代码单元中，首先设置散点图的参数，如名称、模式、分别用于标识累积和个体可解释方差的颜色，然后使用 `make_subplots()` 函数将这两个散点图变量添加到子图中。

在运行图14-28中的代码后，输出结果如图14-29所示。

正如所见，在784个特征或列中，大约有90%的可解释方差可以仅用200多个特征来描述。因此，如果想在此数据集上实现主成分分析，则提取前200个特征是一个合乎逻辑的选择，因为它们已经能覆盖大部分数据。

```python
cumulative_plot = go.Scatter(
    x=list(range(784)),
    y= cumulative_exp_var,
    mode='lines+markers',
    name="'Cumulative Explained Variance'",
    line=dict(
        shape='spline',
        color = 'limegreen'
    )
)
individual_plot = go.Scatter(
    x=list(range(784)),
    y= indivisual_exp_var,
    mode='lines+markers',
    name="'Individual Explained Variance'",
    line=dict(
        shape='linear',
        color = 'black'
    )
)
fig = tls.make_subplots(insets=[{'cell': (1,1), 'l': 0.7, 'b': 0.5}],
                        print_grid=True)

fig.append_trace(cumulative_plot, 1, 1)
fig.append_trace(individual_plot,1,1)
fig.layout.title = 'Explained Variance plots - Full and Zoomed-in'
fig.layout.xaxis = dict(range=[0, 50], title = 'Feature columns')
fig.layout.yaxis = dict(range=[0, 40], title = 'Explained Variance')
iplot(fig)
```

图14-28　绘制散点图

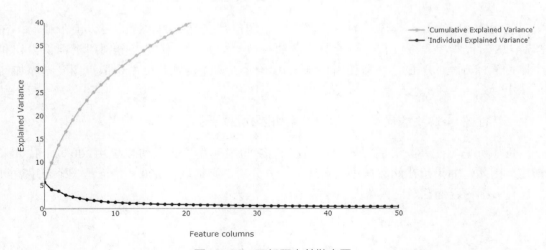

图14-29　可解释方差散点图

主成分分析法旨在获得捕捉最大方差（数据点分布最广）的最优方向（或特征向量）。因此，将这些方向及其相关特征值可视化能够提供有用信息。为了提高效率，使用 PCA 从数字数据集中提取前 30 个特征值（使用 sklearn 的 .components_call），并直观地将前 5 个特征值与其他一些较小的特征值进行比较，看一看是否能收集到有用信息。如果要重新开始任务，请从 sklearn.decomposition 接口导入 PCA 包，然后再参照图 14-30 和图 14-31 进行操作。

```
# Invoke SKlearn's PCA method
n_components = 30
pca = PCA(n_components=n_components).fit(train.values)
eigenvalues = pca.components_.reshape(n_components, 28, 28)
# Extracting the PCA components ( eignevalues )
eigenvalues = pca.components_
```

图 14-30　提取前 30 个特征值

```
n_row = 4
n_col = 7
# Plot the first 8 eigenvalues
plt.figure(figsize=(13,12))
for i in list(range(n_row * n_col)):
    offset =0
    plt.subplot(n_row, n_col, i + 1)
    plt.imshow(eigenvalues[i].reshape(28,28), cmap='jet')
    title_text = 'Eigenvalue ' + str(i + 1)
    plt.title(title_text, size=6.5)
    plt.xticks(())
    plt.yticks(())
plt.show()
```

图 14-31　绘制前 8 个特征值

所绘制的图形如图 14-32 所示。

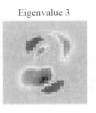
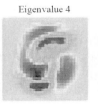

图 14-32　前 5 个特征值散点图

图 14-32 的子散点图描绘了 PCA 方法为数字数据集生成的前 5 个最佳方向或主成分轴。如果比较特征值 1（Eigenvalue 1）与特征值 5（Eigenvalue 5），显然在寻找使新特征子空间的方差最大化时生成了更复杂的方向或成分。

现在使用 sklearn 工具包，实现了如图 14-33 所示的主成分分析算法。

```
# Delete our earlier created X object
del X
# Taking only the first N rows to speed things up
X= train[:6000].values
del train
# Standardising the values
X_std = StandardScaler().fit_transform(X)

# Call the PCA method with 5 components.
pca = PCA(n_components=5)
pca.fit(X_std)
X_5d = pca.transform(X_std)

# For cluster coloring in our Plotly plots, remember to also restrict the target values
Target = target[:6000]
```

图 14-33　主成分分析算法

在图 14-33 的代码中，首先使用了隶属于 sklearn 的 StandardScaler() 函数便利地将数据标准化（实际上此数据集不需要标准化，因为它们都是 1 或 0）；接下来，调用 sklearn 的内置 PCA 函数，把希望数据投影到的成分或维度的数量传给参数 n_components。作为选择成分或维度数量的普遍做法，请参阅本章前文已经介绍过的累积方差与个体方差比率。

最后同时调用 fit 和 transform 方法，两者将 PCA 模型与标准化的数字数据集拟合，然后通过降维数据来转换。

试想一下，如果因为 PCA 是一种无监督式方法而没有为此数字集提供类标签，那么要如何在新特征空间中分离出数据点呢？解决办法是将聚类算法应用到新的主成分分析投影数据中，寄望于得到不同的簇，从而揭示数据中潜在的类别。

首先使用 sklearn 的 KMeans 方法开始 K 均值聚类法，然后使用 fit_predict 方法计算簇中心，从而预测第一个和第二个 PCA 投影的聚类指数（查看是否能观察到任何可感知的簇），如图 14-34 和图 14-35 所示。

```
from sklearn.cluster import KMeans
# Set a KMeans clustering with 9 components
kmeans = KMeans(n_clusters=9)
# Compute cluster centers and predict cluster indices
X_clustered = kmeans.fit_predict(X_5d)

trace_Kmeans = go.Scatter(x=X_5d[:, 0], y= X_5d[:, 1], mode="markers",
                    showlegend=False,
                    marker=dict(
                            size=8,
                            color = X_clustered,
                            colorscale = 'Portland',
                            showscale=False,
                            line = dict(
            width = 2,
            color = 'rgb(255, 255, 255)'
        )
                   ))
```

图14-34 K均值聚类法

```
layout = go.Layout(
    title= 'KMeans Clustering',
    hovermode= 'closest',
    xaxis= dict(
         title= 'First Principal Component',
         ticklen= 5,
         zeroline= False,
         gridwidth= 2,
    ),
    yaxis=dict(
        title= 'Second Principal Component',
        ticklen= 5,
        gridwidth= 2,
    ),
    showlegend= True
)
data = [trace_Kmeans]
fig1 = dict(data=data, layout= layout)
# fig1.append_trace(contour_list)
py.iplot(fig1, filename="svm")
```

图14-35 绘制投影图

输出结果如图14-36所示。

从视觉上来看，与简单地向PCA投影中添加类标签相比，由K均值算法生成的簇似乎提供了更加清晰的簇的划分。这一点也不奇怪，因为PCA是一种无监督式方法，因此不适用于分离不同的类标签。

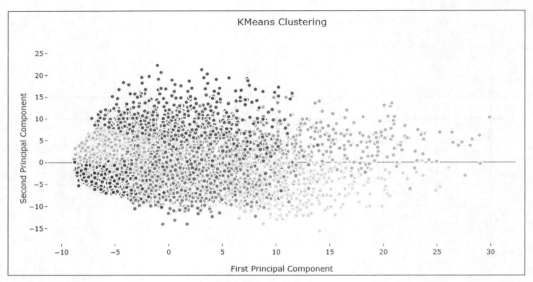

图14-36　输出结果

14.4　验证无监督式机器学习

无监督式机器学习的验证取决于引用的是哪类无监督式算法。

例如，一般通过计算重构误差来评估降维技术。同样地，可以使用类似的技术来评估监督式算法，比如应用 k 折交叉验证程序。

聚类算法更难评估。内部度量只使用计算出的簇群信息来评估簇群是否紧凑且分离良好。此外，还能使用外部度量对数据结构执行统计测试。

密度估计也很难评估，但还是有很多广泛用于模型调整的技术，例如交叉验证程序。

此外，有时会在更加复杂的工作流环境中使用无监督策略，在其中可以定义外部性能函数。例如，如果聚类用于创建有意义的类（如文本聚类），那么可以通过手工标记来创建外部数据集并测试其准确率（黄金法则）。同样地，如果在监督式机器学习中将降维作为预处理步骤，则后者的准确率可以用作降维技术的代理性能度量。

14.5 小结

本章介绍了无监督式机器学习的基本概念，并引入了降维技术的实际用例。强烈建议把本章的学习内容以及其他监督式降维技术——LDA付诸实践，并相互比较结果。正如常说的那样，在不同的数据集上练习得越多，就越能在每个练习中发现新见解。在第15章中，将学习如何处理时间序列数据。

第15章
处理时间序列数据

在之前的章节中,已经学习了如何解决监督式和无监督式机器学习问题。本章将帮助读者学习如何理解和处理时间序列数据。无论是分析业务趋势、预测公司收益还是探索客户行为,每位数据科学家都可能在工作中的某个时刻遇到时间序列数据。时间序列是按时间顺序索引(罗列或图示)的一系列数据点。因此,时间序列数据由相对确定的时间戳组成,并且与随机样本数据相比,可能包含更多可以提取的附加信息。

本章结构

- 为何时间序列重要。
- 如何处理日期和时间。
- 转换时间序列数据。
- 操作时间序列数据。
- 比较时间序列的增长率。
- 如何改变时间序列频率。

本章主旨

在学习本章之后,读者能够操作和可视化时间序列数据,以便提取有意义的统计数据和数据的其他特征。

15.1 为何时间序列重要

由于时间序列是在固定时间间隔内收集的数据点的集合，因此分析它们可以确定长期趋势。时间序列预测是利用模型并基于先前的观测值来预测未来的值。在预测股价或明天的天气状况等商业场景中，时间序列具有重要作用。在日常工作中，也会遇到与时间序列有关的任务。例如，想一想人们可能每天都会思考的常见问题——下一天/周/月的指标会发生什么变化？有多少人会安装这个手机应用？用户在网上会花费多少时间？用户将执行多少个操作？分析这类数据可以揭示一些起初并不清楚的事情，例如意外趋势、相关性和未来的趋势预测，为任何使用这些数据的人带来竞争优势。正因如此，时间序列的应用领域很广泛。

15.2 如何处理日期和时间

Pandas有处理时间序列对象的专用库；特别是`datetime64[ns]`类，用以存储时间信息并允许人们快速执行一些操作，ns是指纳米秒。除Pandas之外，还需要statsmodels库，它含有大量统计建模函数，其中就有时间序列。在Anaconda Prompt中运行以下命令来安装statsmodels。

```
conda install -c anaconda statsmodels
```

在Pandas数据帧中加载数据时，任何列都可能有提供时间信息的日期，但数据帧索引至关重要，因为它能把整个数据帧转换为时间序列。本章的完整示例以笔记本的格式保存在Time Series Data.ipynb中。通过导入基本库，如图15-1所示，来了解首个用于处理时间序列数据的Pandas函数。

```
import pandas as pd
from datetime import datetime # for manually creating dates
```

图15-1 导入库

现在要创建一个Pandas数据帧，并检查其数据类型，如图15-2所示。

请参阅图15-2的代码单元，图中`time_stamp`变量的类型是`Timestamp`，并添加了默认为子夜零点的时间值，日期字符串也会生成相同的结果，这意味着也可以把日期当成字符串使用。Pandas时间戳（Timestamp）具有多种属性，如年、月、日、工作日名称等，用于存储与时间有关的信息，方便访问，如图15-3所示。

```
# creating pandas timestamp
time_stamp = pd.Timestamp(datetime(2019,1,1))

# using a date string as datetime object
pd.Timestamp(datetime(2019,1,1)) == time_stamp
True

time_stamp
Timestamp('2019-01-01 00:00:00')
```

图15-2　创建时间戳并检查数据类型

图15-3　日期属性

Pandas还有一个处理时间周期的数据类型。时期（Period）对象总有一个默认为月的频率；转换频率的方法也可以将时期对象转换为时间戳对象，再将时间戳对象转换回时期对象，反之亦然；还能够执行基本的日期运算。实现如图15-4所示。

```
period = pd.Period('2019-01')
print("period:: ", period)

#convert period to daily from month
print(period.asfreq('D'))

#convert period to timestamp back
print(period.to_timestamp().to_period('M'))

#basic date arithmetic operation
print(period + 3)

period::  2019-01
2019-01-31
2019-01
2019-04
```

图15-4　处理时间周期

接下来将使用Pandas的date_range()函数创建包含一系列日期的时间序列。此函数返回固定频率的日期索引（DatetimeIndex），也可以将此索引转换为时期索引，就像时间戳一样，如图15-5中所示的每种索引类型，并注意输出单元格中的数据类型。

```
index = pd.date_range(start='2018-1-1', periods=12, freq='M')
index
DatetimeIndex(['2018-01-31', '2018-02-28', '2018-03-31', '2018-04-30',
               '2018-05-31', '2018-06-30', '2018-07-31', '2018-08-31',
               '2018-09-30', '2018-10-31', '2018-11-30', '2018-12-31'],
              dtype='datetime64[ns]', freq='M')

index[0]
Timestamp('2018-01-31 00:00:00', freq='M')

index.to_period()
PeriodIndex(['2018-01', '2018-02', '2018-03', '2018-04', '2018-05', '2018-06',
             '2018-07', '2018-08', '2018-09', '2018-10', '2018-11', '2018-12'],
            dtype='period[M]', freq='M')
```

图15-5　索引类型转换

现在可以轻松地创建一个时间序列（Pandas日期索引）。作为示例，为了匹配日期索引，将使用numpy.random.rand()随机创建一个具有2列12行的数据，然后创建的首个时间序列如图15-6所示。

```
pd.DataFrame({'date' : index}).info()
print("=========================================")
import numpy as np
my_data = np.random.rand(12, 2)
pd.DataFrame(data = my_data, index = index).info()

<class 'pandas.core.frame.DataFrame'>
RangeIndex: 12 entries, 0 to 11
Data columns (total 1 columns):
date    12 non-null datetime64[ns]
dtypes: datetime64[ns](1)
memory usage: 176.0 bytes
=========================================
<class 'pandas.core.frame.DataFrame'>
DatetimeIndex: 12 entries, 2018-01-31 to 2018-12-31
Freq: M
Data columns (total 2 columns):
0    12 non-null float64
1    12 non-null float64
dtypes: float64(2)
memory usage: 608.0 bytes
```

图15-6　创建随机时间序列

在图15-6的输出单元中，可以看到结果pd.DatetimeIndex中的每个日期都是一个pd.Timestamp，并且由于此时间戳具有多种属性，因此可以轻松地访问并获取与日期有关的信息。在图15-7的示例中，将创建一周的数据，遍历结果，并获取每个日期的

dayofweek和weekday_name。

```
# Create the range of dates here
seven_days = pd.date_range('2019-1-1', periods=7)

# Iterate over the dates and print the number and name of the weekday
for day in seven_days:
    print(day.dayofweek, day.weekday_name)
1 Tuesday
2 Wednesday
3 Thursday
4 Friday
5 Saturday
6 Sunday
0 Monday
```

图15-7　创建一周的数据

上述示例将帮助读者了解如何轻松使用statsmodel库处理和操作时间序列数据。下文将介绍如何转换时间序列数据。

15.3　转换时间序列数据

在分析时间序列数据时，通常会转换数据使其以更好的形式呈现。例如，日期列的形式是对象，需要解析此字符串对象，然后将其转换为datetime64数据类型，或者可能需要从现有的时间序列数据中生成新的数据。因此了解这些转变至关重要。现在通过研究Google的股价数据来理解转换的重要性，如图15-8所示。

```
google_df = pd.read_csv("E:/pg/bpb/BPB-Publications/Datasets/timeseries/stock_data/google.csv")
google_df.head()
```

	Date	Close
0	2014-01-02	556.00
1	2014-01-03	551.95
2	2014-01-04	NaN
3	2014-01-05	NaN
4	2014-01-06	558.10

图15-8　导入股票价格数据

乍看日期列时感觉一切正常，但是当检查它的数据类型时，发现显示为字符串，如图15-9所示。

15.3 转换时间序列数据

```
google_df.info()

<class 'pandas.core.frame.DataFrame'>
RangeIndex: 1094 entries, 0 to 1093
Data columns (total 2 columns):
Date     1094 non-null object
Close    756 non-null float64
dtypes: float64(1), object(1)
memory usage: 17.2+ KB
```

图15-9　检查数据类型

由于许多机器学习算法不接受字符串输入，因此必须将数据列数据类型转换为正确的格式。请使用Pandas将字符串数据类型转换为dateTime64[ns]，如图15-10所示。

```
google_df.Date = pd.to_datetime(google_df.Date)
google_df.info()

<class 'pandas.core.frame.DataFrame'>
RangeIndex: 1094 entries, 0 to 1093
Data columns (total 2 columns):
Date     1094 non-null datetime64[ns]
Close    756 non-null float64
dtypes: datetime64[ns](1), float64(1)
```

图15-10　转换数据类型

现在日期列已经是正确的数据类型了，可以将其设置为如图15-11所示的索引。

```
google_df.set_index('Date', inplace=True)
google_df.info()

<class 'pandas.core.frame.DataFrame'>
DatetimeIndex: 1094 entries, 2014-01-02 to 2016-12-30
Data columns (total 1 columns):
Close    756 non-null float64
dtypes: float64(1)
```

图15-11　设置索引

如果得到类似keyerror:['Date']的错误，请在图15-11的代码中添加drop=False参数，更新后的代码是google_df.set_index('Date', inplace=True, drop=False)。

此处将日期列设置为索引1，inplace=True意味着不创建数据帧的新副本。

由于已经更正了日期类型，因此现在可以很容易地将股价数据可视化，如图15-12所示。

```
import matplotlib.pyplot as plt
%matplotlib inline
google_df.Close.plot(title='Google Stock closing Price')
plt.tight_layout()
plt.show()
```

图15-12　可视化股价数据

有人可能已经注意到，日期时间索引中没有频率；因此可以设置频率为日历日期，如图15-13所示。

在转换频率之后，请检查新数据。因为可能添加了一些空值，因此最好检查数据集的头部，如图15-14所示。

```
google_df.asfreq('D').info()
<class 'pandas.core.frame.DataFrame'>
DatetimeIndex: 1094 entries, 2014-01-02 to 2016-12-30
Freq: D
Data columns (total 1 columns):
Close    756 non-null float64
dtypes: float64(1)
```

图15-13　设置频率　　　　　　　图15-14　检查数据集的头部

正如所见，新日期中有缺失值。增加频率的行为被称为上采样（Upsampling），意味着提升频率会引入新的日期和缺失值。本章后文将介绍如何处理此问题。

15.4　操作时间序列数据

时间序列数据操作意味着在时间上前移或滞后，得到一定时间段内的时间差或计算任意时间段内的百分比变化。Pandas库有内置的方法可以实现这些操作。

下一个示例将探讨Pandas的功能。要使用Pandas数据帧重新加载Google股票价格数据，需要一些附加参数，如图15-15所示。

```
google_df = pd.read_csv("E:/pg/bpb/BPB-Publications/Datasets/timeseries/stock_data/google.csv",
                       parse_dates=['Date'],
                       index_col='Date')
google_df.head()
```

	Close
Date	
2014-01-02	556.00
2014-01-03	551.95
2014-01-04	NaN
2014-01-05	NaN
2014-01-06	558.10

图15-15　重新加载数据

在图15-15中，当加载数据集时，会注意到日期列自动转换成正确的格式。此处Pandas为用户做了全部解析，并提供了格式正确的时间序列数据集。

现在了解一下Pandas操作时间序列数据的不同方法。首先是`shift()`方法，该方法在默认情况下向未来移动1个周期，如图15-16所示。

```
google_df['shifted'] = google_df.Close.shift()
google_df.head()
```

	Close	shifted
Date		
2014-01-02	556.00	NaN
2014-01-03	551.95	556.00
2014-01-04	NaN	551.95
2014-01-05	NaN	NaN
2014-01-06	558.10	NaN

图15-16　shift()

类似地，还有一个 lagged() 方法，该方法在默认情况下向过去移动一个周期。请在笔记本上自行尝试。

还可以使用 div() 方法和一些算术运算来计算一个周期内的财务变化或财务回报，如图 15-17 和图 15-18 所示。

```
google_df['change'] = google_df.Close.div(google_df.shifted)
google_df.head()
```

	Close	shifted	change
Date			
2014-01-02	556.00	NaN	NaN
2014-01-03	551.95	556.00	0.992716
2014-01-04	NaN	551.95	NaN
2014-01-05	NaN	NaN	NaN
2014-01-06	558.10	NaN	NaN

图 15-17　div()

```
google_df['return'] = google_df.change.sub(1).mul(100)
google_df.head()
```

	Close	shifted	change	return
Date				
2014-01-02	556.00	NaN	NaN	NaN
2014-01-03	551.95	556.00	0.992716	-0.728417
2014-01-04	NaN	551.95	NaN	NaN
2014-01-05	NaN	NaN	NaN	NaN
2014-01-06	558.10	NaN	NaN	NaN

图 15-18　算术运算

还可以使用 diff() 方法计算两个相邻时段的差值。

既然能够使用上述知识直观地比较 Google 的股票价格数据，那么现在将数据向过去和未来推移 90 个工作日，如图 15-19 所示。

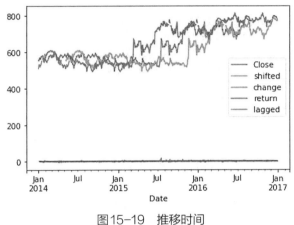

图15-19 推移时间

因此可以直观地在不同时间点将时间序列与自身进行比较。

15.5 比较时间序列的增长率

比较时间序列增长率是一项常见的任务，经常在时间序列分析中碰到，比如比较股票的表现。但这并非易事，因为股价序列很难在不同水平上进行比较。有一个方案可以解决这个问题——将价格序列标准化为起始于100。要实现此方案，只需要将所有价格除以序列中的第一个数据，然后再乘以100。完成后，所得到的第一个值为100，以及相对于起点的所有价格。现在将此解决方案应用到Google股价数据中，如图15-20所示。

请注意输出图！它的起点是100。

同样也可以将多个序列规范化。只需要确保序列的行标签与数据帧的列标题保持一致。无须担心如何确保一致，`div()`方法会接手这项任务。接下来将把不同公司的股票价格标准化，如图15-21所示。

```
first_price = google.Close.iloc[0]
# normalize a single series
normalized = google.Close.div(first_price).mul(100)
normalized.plot(title='Google Normalized Price')
plt.show()
```

图15-20　标准化Google股价数据

```
price_df = pd.read_csv("E:/pg/bpb/BPB-Publications/Datasets/timeseries/stock_data/stock_data.csv",
                        parse_dates=['Date'],
                        index_col='Date')
price_df.head(3)
```

Date	AAPL	AMGN	AMZN	CPRT	EL	GS	ILMN	MA	PAA	RIO	TEF	UPS
2010-01-04	30.57	57.72	133.90	4.55	24.27	173.08	30.55	25.68	27.00	56.03	28.55	58.18
2010-01-05	30.63	57.22	134.69	4.55	24.18	176.14	30.35	25.61	27.30	56.90	28.53	58.28
2010-01-06	30.14	56.79	132.25	4.53	24.25	174.26	32.22	25.56	27.29	58.64	28.23	57.85

图15-21　标准化多家公司的股价

现在使用plot()方法绘制不同公司的股票价格。在此将再次使用div()方法来确保序列的行标签与价格数据帧的列标题保持一致，如图15-22所示。

一旦股票价格被标准化，如图15-22所示，就可以将不同股票的表现与基准进行比较。通过将纽约证交所的前三大股票与道琼斯工业平均指数（Dow Jones Industrial Average，DJIA）数据集进行比较来学习这一点，道琼斯工业平均指数包含30家美国公司，如图15-23和图15-24所示。

15.5 比较时间序列的增长率

```
normalized = price_df.div(price_df.iloc[0])
normalized.plot(title='Stocks Normalized Price')
plt.show()
```

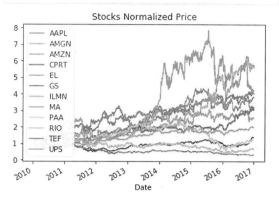

图15-22 绘制不同公司的股票价格走势图

```
# Import stock prices and index here
stocks = pd.read_csv('E:/pg/bpb/BPB-Publications/Datasets/timeseries/stock_data/nyse.csv',
                     parse_dates=['date'], index_col='date')
dow_jones = pd.read_csv('E:/pg/bpb/BPB-Publications/Datasets/timeseries/stock_data/dow_jones.csv',
                     parse_dates=['date'], index_col='date')

# Concatenate data and inspect result
data = pd.concat([stocks, dow_jones], axis=1)
print(data.info())

# Normalize and plot your data
data.div(data.iloc[0]).mul(100).plot()
plt.show()
```

图15-23 比较纽交所前三大股票与道琼斯工业平均指数

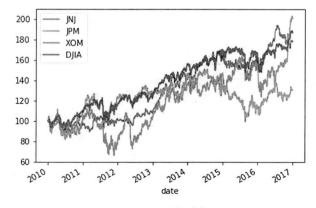

图15-24 股价对比图

接下来学习如何将2008—2017年微软（股票代码：MSFT）公司和苹果（股票代码：AAPL）公司的股价表现与标准普尔500数据集进行比较，如图15-25和图15-26所示。

```python
# Create tickers
tickers = ['MSFT', 'AAPL']

# Import stock data here
stocks = pd.read_csv('E:/pg/bpb/BPB-Publications/Datasets/timeseries/stock_data/msft_aapl.csv',
                     parse_dates=['date'], index_col='date')

# Import index here
sp500 = pd.read_csv('E:/pg/bpb/BPB-Publications/Datasets/timeseries/stock_data/sp500.csv',
                    parse_dates=['date'], index_col='date')

# Concatenate stocks and index here
data = pd.concat([stocks, sp500], axis=1).dropna()

# Normalize data
normalized = data.div(data.iloc[0]).mul(100)

# Subtract the normalized index from the normalized stock prices, and plot the result
normalized[tickers].sub(normalized['SP500'], axis=0).plot()
plt.show()
```

图15-25　以sp500为基准比较股价

图15-26　股价对比图

现在可以将这两只股票与整个市场进行比较，以便轻松发现趋势和异常值。

15.6　如何改变时间序列频率

频率的变化也会影响数据。如果正在进行上采样，那么应该填充或处理缺失值，而在下采样的情况下，应该聚合现有数据。首先找出时间序列数据的季度频率，然后从季度频率中提取月度频率，以便在最后可以使用月度频率进行上采样和下采样，如图15-27所示。

```
dates = pd.date_range(start='2018', periods=4, freq='Q')
my_data = range(1,5)
quaterly = pd.Series(data=my_data, index=dates)
quaterly

2018-03-31    1
2018-06-30    2
2018-09-30    3
2018-12-31    4
Freq: Q-DEC, dtype: int64

# upsampling quaterly to Month
monthly = quaterly.asfreq('M')
monthly

2018-03-31    1.0
2018-04-30    NaN
2018-05-31    NaN
2018-06-30    2.0
2018-07-31    NaN
2018-08-31    NaN
2018-09-30    3.0
2018-10-31    NaN
2018-11-30    NaN
2018-12-31    4.0
Freq: M, dtype: float64
```

图15-27　上采样获取月度频率

现在来看一看如何使用不同的处理方法获取月度频率，如图15-28所示。

```
monthly = monthly.to_frame('baseline')
# handling missing values using forward fill
monthly['ffill'] = quaterly.asfreq('M', method='ffill')
# handling missing values using backward fill
monthly['bfill'] = quaterly.asfreq('M', method='bfill')
# handling missing values with 0
monthly['ffill'] = quaterly.asfreq('M', fill_value=0)
monthly
```

	baseline	ffill	bfill
2018-03-31	1.0	1	1
2018-04-30	NaN	0	2
2018-05-31	NaN	0	2
2018-06-30	2.0	2	2
2018-07-31	NaN	0	3

图15-28　使用不同处理方法获取月度频率

现在学习 `interpolate()` 方法。Pandas的 `dataframe.interpolate()` 函数基本上用于填充数据帧或序列中的NA值，但却是一个非常强大的填充缺失值的函数。它使用各种插值技术来填充缺失值，而不用硬编码缺失值。Pandas的 `interpolate()` 方法采用不同的方法进行插值，为了更好地理解，以一个新的数据集为例，如图15-29所示。

```
# Import & inspect data
data_df = pd.read_csv('E:/pg/bpb/BPB-Publications/Datasets/timeseries/stock_data/debt_unemployment.csv',
                      parse_dates=['date'],
                      index_col='date')
data_df.info()

<class 'pandas.core.frame.DataFrame'>
DatetimeIndex: 89 entries, 2010-01-01 to 2017-05-01
Data columns (total 2 columns):
Debt/GDP        29 non-null float64
Unemployment    89 non-null float64
dtypes: float64(2)
```

图15-29　导入新数据集

现在插入Debt/GDP，并与失业率比较，如图15-30所示。

```
interpolated = data_df.interpolate()
interpolated.info()

<class 'pandas.core.frame.DataFrame'>
DatetimeIndex: 89 entries, 2010-01-01 to 2017-05-01
Data columns (total 2 columns):
Debt/GDP        89 non-null float64
Unemployment    89 non-null float64
dtypes: float64(2)
```

图15-30　插值债务/GDP

稍后将其可视化，如图15-31所示。

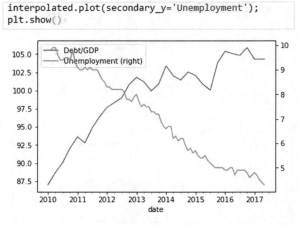

图15-31　走势对比图

在图15-31中，数据帧中的Debt/GDP列是蓝色曲线，而失业率是棕色曲线。从图中可以了解到，Debt/GDP比率在2015—2016年间有所上升，而失业率自2010年以来稳步下降。

到目前为止，已经完成了上采样、逻辑填充和插值。现在要学习如何进行下采样（Downsampling）。对于下采样，可以选择平均值、中位数或最后一个值等选项来填充缺值。为了理解这一点，现在来研究空气质量数据集，如图15-32所示。

```
ozone_df = pd.read_csv('E:/pg/bpb/BPB-Publications/Datasets/timeseries/air_quality_data/ozone_nyla.csv',
                      parse_dates=['date'], index_col='date')
ozone_df.info()
<class 'pandas.core.frame.DataFrame'>
DatetimeIndex: 6291 entries, 2000-01-01 to 2017-03-31
Data columns (total 2 columns):
Los Angeles    5488 non-null float64
New York       6167 non-null float64
dtypes: float64(2)
```

图15-32　导入空气质量数据集

首先计算并绘制了如图15-33所示的臭氧月平均趋势图。

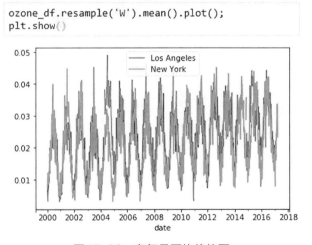

图15-33　臭氧月平均趋势图

接下来计算并绘制如图15-34的年平均臭氧趋势图。

可以很容易地看到改变重采样周期会如何影响时间序列的绘图。

现在可以轻而易举地比较高频股票价格序列和低频经济时间序列。首个示例是比较季度GDP增长率与30只美国大型股票的道琼斯工业指数（重采样）的季度回报率，如图15-35所示。在每季度初报告上一季度的GDP增长。要计算对应的股票回报率，将以季度为频率对股票指数重采样，别名QS，并使用.first()观测值进行汇总，如图15-36所示。

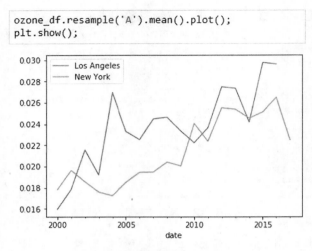

图15-34　年平均臭氧趋势图

```
# Import and inspect gdp_growth
gdp_growth = pd.read_csv('E:/pg/bpb/BPB-Publications/Datasets/timeseries/stock_data/gdp_growth.csv',
                         parse_dates=['date'], index_col='date')
gdp_growth.info()

# Import and inspect djia
djia = pd.read_csv('E:/pg/bpb/BPB-Publications/Datasets/timeseries/stock_data/djia.csv',
                   parse_dates=['date'], index_col='date')
djia.info()

<class 'pandas.core.frame.DataFrame'>
DatetimeIndex: 41 entries, 2007-01-01 to 2017-01-01
Data columns (total 1 columns):
gdp_growth    41 non-null float64
dtypes: float64(1)
memory usage: 656.0 bytes
<class 'pandas.core.frame.DataFrame'>
DatetimeIndex: 2610 entries, 2007-06-29 to 2017-06-29
Data columns (total 1 columns):
djia    2519 non-null float64
dtypes: float64(1)
memory usage: 40.8 KB
```

图15-35　导入数据

既然已经将数据存储为数据帧了，那么现在来计算季度回报率，并将其与GDP增长的关系绘制成图，如图15-36所示。

探讨在过去2007—2017年中，标普500指数日收益的月均值、中位数和标准差的走势。在本示例中，使用resample()方法汇总平均值、中位数和标准差，如图15-37所示。

```python
# Calculate djia quarterly returns
djia_quarterly = djia.resample('QS').first()
djia_quarterly_return = djia_quarterly.pct_change().mul(100)

# Concatenate, rename and plot djia_quarterly_return and gdp_growth
data = pd.concat([gdp_growth, djia_quarterly_return], axis=1)
data.columns = ['gdp', 'djia']

data.plot()
plt.show();
```

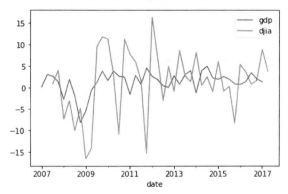

图15-36 计算季度回报率

```python
# Import data
sp500 = pd.read_csv('E:/pg/bpb/BPB-Publications/Datasets/timeseries/stock_data/sp500.csv',
                    parse_dates=['date'], index_col='date')

# Calculate daily returns here
daily_returns = sp500.squeeze().pct_change()

# Resample and calculate statistics
stats = daily_returns.resample('M').agg(['mean', 'median', 'std'])

stats.plot()
plt.show()
```

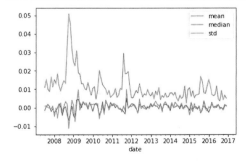

图15-37 标普500指数日收益相关指标的走势

从图15-37中，可以很容易地看到统计平均法，比如标准普尔500指数过去2007—2017年日回报的平均值、标准差和中位数。

15.7 小结

在本章中，已经学习了如何操作和可视化时间序列数据。如果在笔记本上练习了本章的示例，时间序列数据对读者而言就不难理解了。但如果要了解更多的知识，需要使用新数据进行更多的练习。从本章学到的知识一定会在股票价格预测、天气预测或销售数据时有所帮助。在第16章中，将学习不同的时间序列预测机器学习方法。

第16章
时间序列法

第15章介绍了操作和可视化多种时间序列数据分析的技术。在本章中,读者将借助于statsmodels库学习各种时间序列预测的方法。把机器学习模型应用于时间序列数据之前,了解这些统计技术至关重要。读者将通过研究不同的案例来学习此库用于预测时间序列的API。当把这些方法应用于机器学习模型时,以运行良好的示例代码为起点将大大加快学习进度。在本章中提到的所有示例,均可在名为Time Series Methods.ipynb的笔记本文件中找到。

本章结构

- 时间序列预测的定义。

- 预测的基本步骤。

- 时间序列预测的技术。

- 预测网页的未来流量。

本章主旨

在学习本章之后,读者熟悉各种时间序列预测的方法,并将这些技术应用于预测时间序列的问题。

16.1 时间序列预测的定义

时间序列预测是机器学习的一个重要领域，因为目前世界上有很多预测问题涉及时间。时间序列在观测值之间添加了一个显性的顺序依赖——时间维度；这个附加维度既是约束条件，又是提供附加信息源的结构。在经典的时间序列数据统计处理中，对未来进行预测被称为外推（Extrapolation）。有越来越多的现代领域在关注这个话题，并把它称为时间序列预测。

预测包括根据历史数据建立模型，并利用模型预测未来的观测结果。有关预测的一个重要特征是，未来是完全不可预测的，只能根据已经发生的事实来估计。时间序列预测的例子包括预测一只股票每天的收盘价、预测商店每天售出的商品数量、预测每天经过火车站的乘客数量、预测一个州每季度的失业率、预测一个城市每天的汽油平均价格等。

16.2 预测的基本步骤

著名的统计学家和计量经济学家Hyndman（海德曼）博士和Athanasopoulos（阿萨那索珀·罗斯）博士总结了5个基本的预测步骤，如下所示。

（1）定义业务问题——仔细考虑谁需要预测以及如何应用预测模型。

（2）信息收集——收集历史数据进行分析和建模，也包括访问领域专家，收集有助于更好地解释历史信息的消息，最后进行预测。

（3）初步探索性分析——使用简单的工具，如图表和汇总统计，以便更好地理解数据。回顾图表，总结并记录明显的时间结构，如季节性趋势、异常（如缺失数据、变体和异常值）以及其他任何可能影响预测的结构。

（4）选择与拟合模型——针对问题，评估两个、三个或一组不同类型的模型。配置模型并拟合历史数据。

（5）应用并评估预测模型——使用模型进行预测，并评估预测表现和模型性能。

上文所述的基本步骤行之有效，在处理时间序列数据时一定要牢记并遵循这些步骤。

16.3 时间序列预测的技术

statsmodels库包含许多时间序列预测的方法。仅仅简单地将机器学习算法应用于时间序列数据是无法获得更好的准确度的，因此必须了解一些时间序列的方法/技术。以下是本章涵盖的常见技术。

（1）自回归（Autoregression，AR）。

（2）移动平均（Moving Average，MA）。

（3）自回归移动平均（Autoregressive Moving Average，ARMA）。

（4）自回归积分移动平均（Autoregressive Integrated Moving Average，ARIMA）。

（5）季节性自回归积分移动平均（Seasonal Autoregressive Integrated Moving-Average，SARIMA）。

（6）季节性自回归积分移动平均与外生回归因子（Seasonal Autoregressive Integrated Moving-Average with Exogenous Regressor，SARIMAX）。

（7）向量自回归移动平均（Vector Autoregression Moving-Average，VARMA）。

（8）Holt-Winters指数平滑（Holt Winter's Exponential Smoothing，HWES）。

16.3.1 自回归

AR是一种时间序列模型，它使用前一个时间点的观测值作为回归方程的输入来预测下一个时间点的值。AR模型假设上一个时间步的观测值有助于预测下一个时间步的值。变量之间的这种关系被称为相关性（Correlation）。如果两个变量的变化方向一致（如一起向上或一起向下），称之为正相关；如果当一个变量值变化时另一个变量朝着相反的方向移动（如一个向上而另一个向下），则称之为负相关。该方法适用于无趋势、无季节分量的单变量时间序列。图16-1是使用statsmodels的API应用AR模型的示例。

在图16-1的代码单元中，使用了`statsmodels.tsa.ar_model.AR.fit()`拟合AR进程的无条件最大似然估计，然后使用`predict()`方法返回样本内和样本外预测。`Predict()`方法将第一个参数作为预测的起始数，而第二个参数会在希望结束预测的位置取值。在本示例中，AR模型对样本数据集的预测值为100.65。

```
# Autoregression(AR) example
from statsmodels.tsa.ar_model import AR
from random import random
# create a sample dataset
data = [a + random() for a in range(1, 100)]
# fit model
model = AR(data)
model_fit = model.fit()
# make prediction
prediction = model_fit.predict(len(data), len(data))
prediction

array([100.6504561])
```

图16-1　AR模型示例

16.3.2　移动平均

MA有助于根据时间序列预测新的观测值。此算法使用平滑方法，只适用于没有趋势的时间序列，对于无趋势和无季节分量的单变量时间序列十分有效。它计算时间序列所包含的后 n 个观测值的算术平均，以预测下一个观测值。

我们可以使用ARMA类创建MA模型并设置零阶AR模型，必须在 `order` 参数中指定MA模型的阶数，如图16-2所示。

```
# Moving Average(MA) example
from statsmodels.tsa.arima_model import ARMA
from random import random
# create a sample dataset
data = [a + random() for a in range(1, 100)]
# fit model
model = ARMA(data, order=(0, 1))
model_fit = model.fit(disp=False)
# make prediction
ma_predict = model_fit.predict(len(data), len(data))
ma_predict

array([75.32920306])
```

图16-2　MA模型示例

在图16-2的代码单元中，通过精确最大似然估计来拟合MA模型，在此过程中使用了 `statsmodels.tsa.arima_model.fit()` 方法和卡尔曼滤波器，并且参数 `disp` 的值设为 `False`，使用 `predict()` 法返回样本内和样本外预测。在本样本数据集示例中，得到的移动平均预测值为75.33。

16.3.3 自回归移动平均

在ARMA预测模型中，自回归分析和移动平均法都被应用于趋势平稳的时间序列数据。ARMA假设时间序列是平稳的，在一个时不变均值附近或多或少地均匀波动。非平稳序列需要一次或多次差分才能达到平稳。ARMA模型被认为不适用于影响分析（Impact Analysis）或包含随机冲击的数据，如图16-3所示。

```
# ARMA example
from statsmodels.tsa.arima_model import ARMA
from random import random
# create a sample dataset
data = [random() for x in range(1, 100)]
# fit model
model = ARMA(data, order=(2, 1))
model_fit = model.fit(disp=False)
# make prediction
arma_pred = model_fit.predict(len(data), len(data))
arma_pred
```
```
array([0.58318755])
```

图16-3　ARMA模型示例

在图16-3的代码单元中，通过精确最大似然估计拟合ARMA(p,q)模型，在此过程中通过卡尔曼滤波器应用了statsmodels.tsa.arima_model.fit()方法；然后使用predict()方法返回样本内和样本外预测。这里disp参数控制迭代过程中输出的频率。Predict()方法预估示例样本数据集的预测值是0.58。

16.3.4 自回归积分移动平均

ARIMA方法结合了AR和MA法，以及使序列平稳的差分预处理步骤，称之为积分（Integration, I）。ARIMA模型可以表示的时间序列数据范围广泛，通常用于计算未来值介于任意两个极限值之间的概率。虽然这种方法可以处理具有趋势的数据，但它不支持具有季节分量的时间序列。ARIMA模型用符号ARIMA(p,d,q)表示，这3个参数解释了数据中的季节性、趋势和噪声，如图16-4所示。

在图16-4的代码单元中，通过基于卡尔曼滤波器的精确最大似然估计来拟合ARIMA(p,d,q)模型，然后使用.predict()方法预测在样本内和样本外的ARIMA模型。

```
# ARIMA example
from statsmodels.tsa.arima_model import ARIMA
from random import random
# create a sample dataset
data = [x + random() for x in range(1, 100)]
# fit model
model = ARIMA(data, order=(1, 1, 1))
model_fit = model.fit(disp=False)
# make prediction
arima_pred = model_fit.predict(len(data), len(data), typ='levels')
arima_pred

array([100.57016203])
```

图16-4　ARIMA示例

16.3.5　季节性自回归积分移动平均

SARIMA是ARIMA的扩展，支持对序列的季节分量直接建模。SARIMA模型将ARIMA模型与在季节层面上执行相同的自回归、差分和移动平均建模的能力结合起来。该方法适用于具有趋势和/或季节分量的单变量时间序列。ARIMA模型和SARIMA模型的最大区别是后者在模型中加入了季节误差成分。SARIMA示例如图16-5所示。

```
# SARIMA example
from statsmodels.tsa.statespace.sarimax import SARIMAX
from random import random
# create a sample dataset
data = [x + random() for x in range(1, 100)]
# fit model
model = SARIMAX(data, order=(1, 1, 1), seasonal_order=(1, 1, 1, 1))
model_fit = model.fit(disp=False)
# make prediction
sarima_pred = model_fit.predict(len(data), len(data))
sarima_pred

array([100.5407515])
```

图16-5　SARIMA示例

在图16-5的代码单元中，通过卡尔曼滤波器对模型进行最大似然拟合，然后使用predict()方法返回拟合值。此处，SARIMAX方法有一个额外的参数——seasonal_order()，它有4个参数。模型季节分量的（p,d,q,s）阶数依次为AR阶数、差分、MA阶数和周期性。

d必须是整数，表示趋势的积分阶数；而p和q既可以是整数，表示AR和MA阶数（因此包括所有这些阶数的滞后值），又可以是一个包含特定 AR 和/或 MA 滞后值的可迭代量；s 是一个指示周期性（季节中的周期数）的整数，通常是 4（季度数据）或者 12（月度数据）。默认情况是没有季节影响。下文将介绍包含 X 因子的 SARIMA 模型。

16.3.6　季节性自回归积分移动平均与外生回归因子

SARIMAX 模型是 SARIMA 模型的扩展，它还包括对外生变量建模。外生变量也被称为协变量，可以被认为是并行输入序列，其观测值的时间步长与原始序列相同。该方法适用于具有趋势和/或季节分量与外生变量的单变量时间序列，示例如图 16-6 所示。

```
# SARIMAX example
from statsmodels.tsa.statespace.sarimax import SARIMAX
from random import random
# create datasets
data1 = [x + random() for x in range(1, 100)]
data2 = [x + random() for x in range(101, 200)]
# fit model
model = SARIMAX(data1, exog=data2, order=(1, 1, 1), seasonal_order=(0, 0, 0, 0))
model_fit = model.fit(disp=False)
# make prediction
exog2 = [200 + random()]
sarimax_pred = model_fit.predict(len(data1), len(data1), exog=[exog2])
sarimax_pred
array([100.09306379])
```

图 16-6　SARIMAX 示例

以食品供应链研究为例。在食品供应链的零售阶段，食品的浪费和缺货主要是由于销售预测不准确，造成产品订购不当。生鲜食品的日常需求受到季节性、降价、节假日等外部因素的影响。为了克服这种复杂性和不准确性，在做销售预测时应尽量考虑到所有可能的需求影响因素。SARIMAX 模型试图综合考虑所有影响需求的因素，以便预测零售商店的易腐食品日销售量；结果发现 SARIMAX 模型改进了传统的季节性自回归积分移动平均（SARIMA）模型。

16.3.7　向量自回归移动平均

VARMA 方法使用 ARMA 模型对每个时间序列的下一步进行建模。它是 ARMA 对多个并行时间序列（如多元时间序列）的扩展。该方法适用于无趋势、无季节分量的多元时间序列，示例如图 16-7 所示。

```
# VARMA example
from statsmodels.tsa.statespace.varmax import VARMAX
from random import random
# create dataset with dependency
data = list()
for i in range(100):
    v1 = random()
    v2 = v1 + random()
    row = [v1, v2]
    data.append(row)
# fit model
model = VARMAX(data, order=(1, 1))
model_fit = model.fit(disp=False)
# make prediction
varma_pred = model_fit.forecast()
varma_pred

array([[0.58299814, 1.10249435]])
```

图16-7　VARMA示例

从图16-7的示例代码可以看出，Statsmodels中的VARMAX类允许VAR、VMA和VARMA模型的估计值（通过order参数），也可以选择使用常量（通过trend参数）。外生回归因子也可能被包括在内（一般通过Statsmodels中的exog参数），这样就可以添加时间趋势。该类允许测量误差（通过measurement_error参数），并允许指定对角线或非结构化创新协方差矩阵（通过error_cov_type参数）。

16.3.8　Holt-Winters指数平滑

Holt-Winter指数平滑法（HWES）也被称为三次指数平滑法（Triple Exponential Smoothing），它把下一个时间步建模为前一个时间步观测值的指数加权线性函数，同时考虑了趋势和季节性。该方法适用于具有趋势和/或季节分量的单变量时间序列，示例如图16-8所示。

```
# HWES example
from statsmodels.tsa.holtwinters import ExponentialSmoothing
from random import random
# create dataset
data = [x + random() for x in range(1, 100)]
# fit model
model = ExponentialSmoothing(data)
model_fit = model.fit()
# make prediction
hwes_pred = model_fit.predict(len(data), len(data))
hwes_pred

array([99.90409631])
```

图16-8　HWES示例

指数平滑保证了通过创建模型窥探未来的可能性，并且可以解决这些问题——在未来 7 个月将售出多少台 iPhone XR？埃隆·马斯克在现场表演中抽大麻后，特斯拉的需求趋势如何？这个冬天会暖和吗？

16.4 预测网页的未来流量

现在是时候把本章和第 15 章学到的知识应用到实际的时间序列问题上了。以下练习的目标是预测维基百科页面的未来流量。此练习所需的数据集可以从本书的存储库中下载。首先加载数据集，如图 16-9 所示。

```
train = pd.read_csv('E:/pg/bpb/BPB-Publications/Datasets/timeseries/wiki/train_1.csv').fillna(0)
train.head()
```

	Page	2015-07-01	2015-07-02	2015-07-03	2015-07-04	2015-07-05	2015-07-06	2015-07-07	2015-07-08	2015-07-09	...	2016-12-22	2016-12-23
0	2NE1_zh.wikipedia.org_all-access_spider	18.0	11.0	5.0	13.0	14.0	9.0	9.0	22.0	26.0	...	32.0	63.0
1	2PM_zh.wikipedia.org_all-access_spider	11.0	14.0	15.0	18.0	11.0	13.0	22.0	11.0	10.0	...	17.0	42.0
2	3C_zh.wikipedia.org_all-access_spider	1.0	0.0	1.0	1.0	0.0	4.0	0.0	3.0	4.0	...	3.0	1.0
3	4minute_zh.wikipedia.org_all-access_spider	35.0	13.0	10.0	94.0	4.0	26.0	14.0	9.0	11.0	...	32.0	10.0
4	52_Hz_I_Love_You_zh.wikipedia.org_all-access_s...	0.0	0.0	0.0	0.0	0.0	0.0	0.0	0.0	0.0	...	48.0	9.0

5 rows × 551 columns

图 16-9 加载数据集

训练数据集有 5 行 551 列。先来看一看语言是如何影响网络流量的。为此，使用一个简单的正则表达式来搜索维基百科 URL 中的语言代码。首先导入 re 库，然后参照图 16-10 中的代码。

维基百科每种语言都有不同的网页。为了便于分析，创建数据帧来保存每种语言，如图 16-11 所示。

接着把全部数据集绘制在同一个图上，以了解浏览总数随时间的变化趋势，如图 16-12 和图 16-13 所示。

```
def get_language(page):
    res = re.search('[a-z][a-z].wikipedia.org',page)
    if res:
        return res[0][0:2]
    return 'na'

train['lang'] = train.Page.map(get_language)
from collections import Counter
Counter(train.lang)

Counter({'de': 18547,
         'en': 24108,
         'es': 14069,
         'fr': 17802,
         'ja': 20431,
         'na': 17855,
         'ru': 15022,
         'zh': 17229})
```

图16-10　搜索语言代码

```
lang_sets = {}
lang_sets['de'] = train[train.lang=='de'].iloc[:,0:-1]
lang_sets['en'] = train[train.lang=='en'].iloc[:,0:-1]
lang_sets['es'] = train[train.lang=='es'].iloc[:,0:-1]
lang_sets['fr'] = train[train.lang=='fr'].iloc[:,0:-1]
lang_sets['ja'] = train[train.lang=='ja'].iloc[:,0:-1]
lang_sets['na'] = train[train.lang=='na'].iloc[:,0:-1]
lang_sets['ru'] = train[train.lang=='ru'].iloc[:,0:-1]
lang_sets['zh'] = train[train.lang=='zh'].iloc[:,0:-1]

sums = {}
for key in lang_sets:
    sums[key] = lang_sets[key].iloc[:,1:].sum(axis=0) / lang_sets[key].shape[0]
```

图16-11　创建数据帧

```
days = [r for r in range(sums['en'].shape[0])]
fig = plt.figure(1,figsize=[10,10])
plt.ylabel('Views per Wiki Page')
plt.xlabel('Day')
plt.title('Wiki Pages in Different Languages')
labels={'en':'English','ja':'Japanese','de':'German',
        'na':'Media','fr':'French','zh':'Chinese',
        'ru':'Russian','es':'Spanish'
       }

for key in sums:
    plt.plot(days,sums[key],label = labels[key] )

plt.legend()
plt.show()
```

图16-12　绘制图形

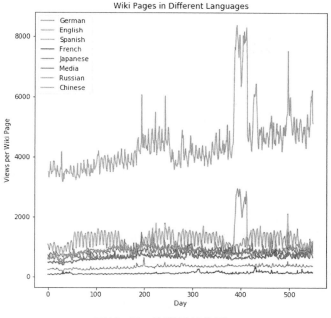

图16-13　浏览量趋势图

从图16-13中可以推断出以下内容——英语（English）的每页浏览量远高于其他语言。这在预料之内，因为维基百科是一个美国网站。英语和俄语（Russian）的浏览量在400天左右出现了非常大的峰值。英语数据在200天左右时也有一个奇怪的涨幅。西班牙语（Spanish）的数据（见绿线）也很有趣：存在清晰的周期结构，约1周的快速增长期，大约每6个月会有一个明显的下降。

看起来图形中有一些周期性结构，接下来分别绘制每种语言的趋势图，这样比例结构就更加显而易见。除单独的趋势图之外，还将研究快速傅立叶变换（Fast Fourier Transform，FFT）的幅度，因为FFT的峰值表示周期信号中的最高频率。从scipy.fftpack api导入 fft，使用Numpy计算 fft 的大小，如图16-14所示。

为了便于理解，仅展示德语的趋势图，如图16-15所示，其余的可以在读者自己的笔记本上看到。

在笔记本上看到所有的图表后，见解如下——与其他大多数语言相比，西班牙语数据的周期性特征最强。出于某种原因，俄语和媒介语言（Media）的数据似乎没有展现出任何模式。作者在可能出现模式的1周、1/2周和1/3周处绘制了一些红线，发现周期性特征主要出现在1周和1/2周处。这并不奇怪，工作日的浏览习惯可能与周末有所不同，因此FFT在整数n的频率为$n/(1周)$时达到峰值。

```python
from scipy.fftpack import fft
def plot_with_fft(key):

    fig = plt.figure(1,figsize=[15,5])
    plt.ylabel('Views per Page')
    plt.xlabel('Day')
    plt.title(labels[key])
    plt.plot(days,sums[key],label = labels[key] )

    fig = plt.figure(2,figsize=[15,5])
    fft_complex = fft(sums[key])
    fft_mag = [np.sqrt(np.real(x)*np.real(x)+np.imag(x)*np.imag(x)) for x in fft_complex]
    fft_xvals = [day / days[-1] for day in days]
    npts = len(fft_xvals) // 2 + 1
    fft_mag = fft_mag[:npts]
    fft_xvals = fft_xvals[:npts]

    plt.ylabel('FFT Magnitude')
    plt.xlabel(r"Frequency [days]$^{-1}$")
    plt.title('Fourier Transform')
    plt.plot(fft_xvals[1:],fft_mag[1:],label = labels[key] )
    plt.axvline(x=1./7,color='red',alpha=0.3)
    plt.axvline(x=2./7,color='red',alpha=0.3)
    plt.axvline(x=3./7,color='red',alpha=0.3)

    plt.show()
for key in sums:
    plot_with_fft(key)
```

图 16-14　绘制趋势图并计算 FFT 幅度

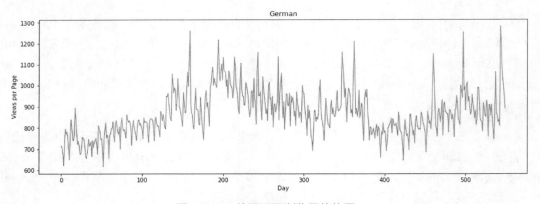

图 16-15　德语页面浏览量趋势图

现在了解到，并非所有页面的浏览量趋势都是平稳的。每天都有一些规律性的变化，但也会出现影响重大的突发状况。模型很可能无法预测突然的峰值，除非它能获得更多关于那天世界上正在发生的事件的信息。

现在来看一看最受欢迎的页面，它们通常是数据集中每种语言的主页面。使用 for 循环遍历语言集，然后使用关键字 Page 查阅每种语言的页面；在计算总数后，按降序排列结果。图 16-16 中的函数将执行此操作。

```
# For each Language get highest few pages
npages = 5
top_pages = {}
for key in lang_sets:
    print(key)
    sum_set = pd.DataFrame(lang_sets[key][['Page']])
    sum_set['total'] = lang_sets[key].sum(axis=1)
    sum_set = sum_set.sort_values('total',ascending=False)
    print(sum_set.head(10))
    top_pages[key] = sum_set.index[0]
    print('\n\n')
```

图16-16　获取浏览量最高的页面

图16-16 的代码单元将产生所有语言的流行页面列表，图16-17是德语示例。

```
de
                                                Page        total
139119  Wikipedia:Hauptseite_de.wikipedia.org_all-acce... 1.603934e+09
116196  Wikipedia:Hauptseite_de.wikipedia.org_mobile-w... 1.112689e+09
67049   Wikipedia:Hauptseite_de.wikipedia.org_desktop_... 4.269924e+08
140151  Spezial:Suche_de.wikipedia.org_all-access_all-... 2.234259e+08
66736   Spezial:Suche_de.wikipedia.org_desktop_all-agents 2.196368e+08
140147  Spezial:Anmelden_de.wikipedia.org_all-access_a... 4.029181e+07
138800  Special:Search_de.wikipedia.org_all-access_all... 3.988154e+07
68104   Spezial:Anmelden_de.wikipedia.org_desktop_all-... 3.535523e+07
68511   Special:MyPage/toolserverhelferleinconfig.js_d... 3.258496e+07
```

图16-17　德语页面浏览量汇总

在之前已经了解到，statsmodels 包中有许多用于时间序列分析的工具。接下来将展示每种语言最高浏览量页面的自相关（Autocorrelation）和偏自相关（Partial Autocorrelation）。这两种方法都能表示信号与自身延迟版本的相关性。在每个滞后处，偏自相关试图在消除由于滞后间隔较短引起的相关性之后显示在该滞后处的相关性，如图16-18所示。

```
from statsmodels.tsa.stattools import pacf
from statsmodels.tsa.stattools import acf
for key in top_pages:
    fig = plt.figure(1,figsize=[10,5])
    ax1 = fig.add_subplot(121)
    ax2 = fig.add_subplot(122)
    cols = train.columns[1:-1]
    data = np.array(train.loc[top_pages[key],cols])
    data_diff = [data[i] - data[i-1] for i in range(1,len(data))]
    autocorr = acf(data_diff)
    pac = pacf(data_diff)

    x = [x for x in range(len(pac))]
    ax1.plot(x[1:],autocorr[1:])

    ax2.plot(x[1:],pac[1:])
    ax1.set_xlabel('Lag')
    ax1.set_ylabel('Autocorrelation')
    ax1.set_title(train.loc[top_pages[key],'Page'])

    ax2.set_xlabel('Lag')
    ax2.set_ylabel('Partial Autocorrelation')
    plt.show()
```

图16-18　自相关与偏自相关

在大多数情况下，受到每周的周期性影响，每7天就会看到强烈的相关性和反相关性。对于偏自相关来说，第一周似乎波动幅度最大，然后开始稳定下来，如图16-19所示。

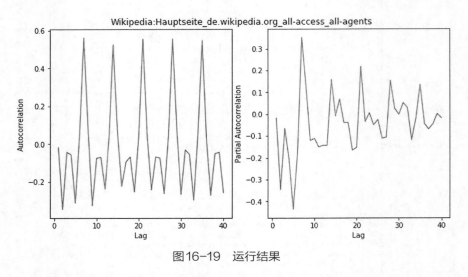

图16-19 运行结果

接下来将一种经典的统计预测方法——ARIMA模型应用于一小部分页面，然后看一看从这些图表中能获得哪些信息。

```
cols = train.columns[1:-1]
for key in top_pages:
    data = np.array(train.loc[top_pages[key],cols],'f')
    result = None
    with warnings.catch_warnings():
        warnings.filterwarnings('ignore')
        try:
            arima = ARIMA(data,[2,1,4])
            result = arima.fit(disp=False)
        except:
            try:
                arima = ARIMA(data,[2,1,2])
                result = arima.fit(disp=False)
            except:
                print(train.loc[top_pages[key],'Page'])
                print('\tARIMA failed')
    pred = result.predict(2,599,typ='levels')
    x = [i for i in range(600)]
    i=0

    plt.plot(x[2:len(data)],data[2:] ,label='Data')
    plt.plot(x[2:],pred,label='ARIMA Model')
    plt.title(train.loc[top_pages[key],'Page'])
    plt.xlabel('Days')
    plt.ylabel('Views')
    plt.legend()
    plt.show()
```

图16-20 应用ARIMA模型

图 16-20 的代码把实际数据绘制为蓝线，而每种语言的 ARIMA 模型用橙色线标识。部分图形如图 16-21、图 16-22 和图 16-23 所示，其余请自行查看笔记本。

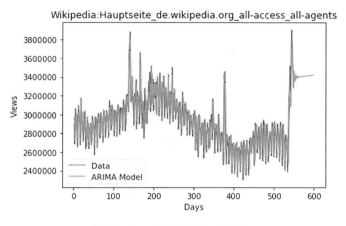

图 16-21　德语 ARIMA 模型

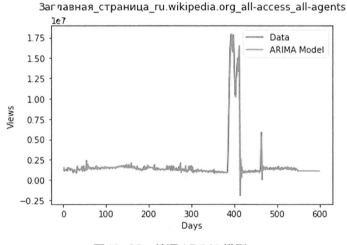

图 16-22　俄语 ARIMA 模型

在仔细观察所有图形后，就会明白 ARIMA 模型在某些情况下能够有效地预测信号的周期子结构，但是在其他情况下，似乎只是给出线性拟合。这表明该模型在信号的周期子结构中行之有效。

当盲目地将 ARIMA 模型应用到整个数据集时会发生什么？在尝试之后，会发现效果并没有只使用一个基本的中值模型那么好。

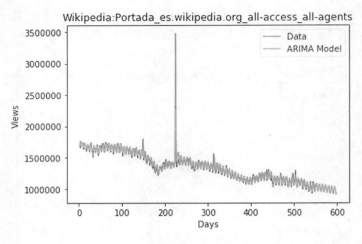

图16-23 西班牙语ARIMA模型

16.5 小结

当数据表示的时间段较宽泛时，时间序列的预测方法较为可靠。通过测量不同时间间隔（如每小时、每天、每月、每季度、每年或其他任何时间间隔）的数据来提取有关信息。当基于大量长期观测值来挖掘条件下的模式时，预测较为可靠。为了增强信心，请着手研究新的股票或天气数据集，并把本章学到的知识应用于预测中。后续章节将介绍多个案例研究示例。

第17章
案例研究1

前几章借助于现实世界中的数据科学问题介绍了基础知识和一些高级概念。要开始数据科学家的旅程，如前所述，将所学知识付诸实践得越多就越自信。现在做一些案例研究，内容涵盖监督式和无监督式机器学习技术的应用。这些案例研究将引导读者了解不同的业务领域，协助读者掌握成为数据科学家所需的技能。

目标：在首个案例中，读者服务于保险公司，帮助他们实现一个机器学习模型来预测贷款者能否偿还贷款的概率。

客户：所服务的客户是一家国际消费金融供应商，业务遍及10个国家。

关于数据集：客户已提供了包含所有贷款静态数据的数据集；数据中的一行数据表示一笔贷款，可以从本书的存储库下载。

机器学习模型基线：本示例将应用逻辑回归和随机森林算法。

本次竞标的目的是利用历史贷款申请数据来预测贷款人是否能够偿还贷款，这是一项标准的监督式分类任务。首先导入所有必需的基本库并读取数据集，如图17-1和图17-2所示。

```python
# numpy and pandas for data manipulation
import numpy as np
import pandas as pd

# sklearn preprocessing for dealing with categorical variables
from sklearn.preprocessing import LabelEncoder

# Suppress warnings
import warnings
warnings.filterwarnings('ignore')

# matplotlib and seaborn for plotting
import matplotlib.pyplot as plt
%matplotlib inline
import seaborn as sns

# load and explore training data
train_df = pd.read_csv('E:/pg/bpb/BPB-Publications/Datasets/Case Studies/case_study_1/application_train.csv')
print('Training data shape: ', train_df.shape)
train_df.head()
```

图17-1　导入库并加载数据集

Training data shape: (307511, 122)

	SK_ID_CURR	TARGET	NAME_CONTRACT_TYPE	CODE_GENDER	FLAG_OWN_CAR	FLAG_OWN_REALTY
0	100002	1	Cash loans	M	N	Y
1	100003	0	Cash loans	F	N	N
2	100004	0	Revolving loans	M	Y	Y
3	100006	0	Cash loans	F	N	Y
4	100007	0	Cash loans	M	N	Y

5 rows × 122 columns

图17-2　数据集概况

训练数据有307511个观察值（一个观测值代表一笔贷款）和122个特征（变量），包括目标（想要预测的标签）。与每笔贷款相关的详细信息以行的形式展示，并由特征SK_ID_CURR标识。训练贷款数据的目标（TARGET）是0——贷款已偿还；或者1——贷款未偿还。同样地，要检查另一个名为application_test.csv的文件提供的测试数据集，如图17-3所示。

接下来进行探索性数据分析（Exploratory Data Analysis，EDA）。这是一个开放式过程，我们计算统计数据并制作图表，以发现数据中的趋势、异常、模式或关系。目标即要求预测的内容是，0表示按时偿还贷款，1表示客户支付有困难。首先要检查每一类贷款的数量。从图17-4中可以看出这是一个不平衡类别问题（Imbalanced Class Problem）。这表明，与拖欠贷款相比，按时偿还的贷款数量更多。

```
# load and explore testing data
test_df = pd.read_csv('E:/pg/bpb/BPB-Publications/Datasets/Case Studies/case_study_1/application_test.csv')
print('Testing data shape: ', test_df.shape)
test_df.head()
```

Testing data shape: (48744, 121)

	SK_ID_CURR	NAME_CONTRACT_TYPE	CODE_GENDER	FLAG_OWN_CAR	FLAG_OWN_REALTY	CNT_CHILDREN	AMT_INCOME_TOTAL
0	100001	Cash loans	F	N	Y	0	135000.0
1	100005	Cash loans	M	N	Y	0	99000.0
2	100013	Cash loans	M	Y	Y	0	202500.0
3	100028	Cash loans	F	N	Y	2	315000.0
4	100038	Cash loans	M	Y	N	1	180000.0

5 rows × 121 columns

图17-3 加载测试数据集

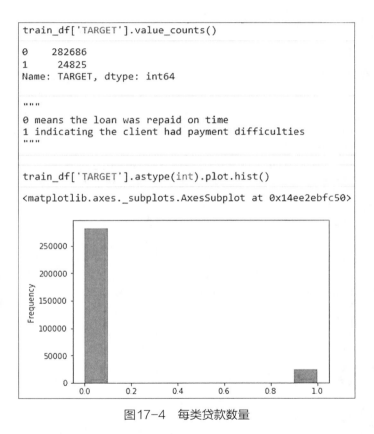

图17-4 每类贷款数量

请检查缺失值。在此将通过编写函数来查看每一列缺失值的数量和百分比，如图17-5所示。在函数中编写一些通用功能是一种编码准则。

```python
# check number and percentage of missing values in each column
def missing_values_table(df):
        mis_val = df.isnull().sum() # Total missing values
        mis_val_percent = 100 * df.isnull().sum() / len(df) # Percentage of missing values
        mis_val_table = pd.concat([mis_val, mis_val_percent], axis=1) # Make a table with the results
        mis_val_table_ren_columns = mis_val_table.rename(
        columns = {0 : 'Missing Values', 1 : '% of Total Values'}) # Rename the columns

        # Sort the table by percentage of missing descending
        mis_val_table_ren_columns = mis_val_table_ren_columns[
            mis_val_table_ren_columns.iloc[:,1] != 0].sort_values(
        '% of Total Values', ascending=False).round(1)

        # Print some summary information
        print ("Your selected dataframe has " + str(df.shape[1]) + " columns.\n"
            "There are " + str(mis_val_table_ren_columns.shape[0]) +
            " columns that have missing values.")

        # Return the dataframe with missing information
        return mis_val_table_ren_columns
```

图17-5 定义函数

在训练数据帧上应用上述函数，如图17-6所示，稍后将填充这些缺失值。

```
# Missing values statistics
missing_values = missing_values_table(train_df)
missing_values.head()
```

Your selected dataframe has 122 columns.
There are 67 columns that have missing values.

	Missing Values	% of Total Values
COMMONAREA_MEDI	214865	69.9
COMMONAREA_AVG	214865	69.9
COMMONAREA_MODE	214865	69.9
NONLIVINGAPARTMENTS_MEDI	213514	69.4
NONLIVINGAPARTMENTS_MODE	213514	69.4

图17-6 统计每列缺失值

现在来看一看每个对象（分类）列中的唯一条目数，如图17-7所示。

对这些分类变量或对象数据类型列进行编码，遵循以下经验法则——如果一个分类变量只有两个唯一值（如男性/女性），那么标签编码法可行，如图17-8所示；但是对于有两个以上唯一值的分类，独热编码法（One-Hot Encoding）是处理分类特征的安全选择，如图17-9所示。

```
# data types of each type of column
train_df.dtypes.value_counts()

float64    65
int64      41
object     16
dtype: int64

# Number of unique classes in each object column
train_df.select_dtypes('object').apply(pd.Series.nunique, axis = 0)

NAME_CONTRACT_TYPE            2
CODE_GENDER                   3
FLAG_OWN_CAR                  2
FLAG_OWN_REALTY               2
NAME_TYPE_SUITE               7
NAME_INCOME_TYPE              8
NAME_EDUCATION_TYPE           5
NAME_FAMILY_STATUS            6
NAME_HOUSING_TYPE             6
OCCUPATION_TYPE              18
WEEKDAY_APPR_PROCESS_START    7
ORGANIZATION_TYPE            58
FONDKAPREMONT_MODE            4
HOUSETYPE_MODE                3
WALLSMATERIAL_MODE            7
EMERGENCYSTATE_MODE           2
```

图17-7 每列唯一条目数

```
le = LabelEncoder()
le_count = 0

for col in train_df:
    if train_df[col].dtype == 'object':
        # If 2 or fewer unique categories
        if len(list(train_df[col].unique())) <= 2:
            # Train on the training data
            le.fit(train_df[col])
            # Transform both training and testing data
            train_df[col] = le.transform(train_df[col])
            test_df[col] = le.transform(test_df[col])
            # Keep track of how many columns were label encoded
            le_count += 1

print('%d columns were label encoded.' % le_count)

3 columns were label encoded.
```

图17-8 标签编码法

独热编码法在训练数据中创建了更多列，因为有些分类变量的类别在测试数据中没有表示。要删除包含在训练数据中但不在测试数据中的列，需要对齐数据帧。

```
# one-hot encoding of categorical variables
train_df = pd.get_dummies(train_df)
test_df = pd.get_dummies(test_df)
print('Training Features shape: ', train_df.shape)
print('Testing Features shape: ', test_df.shape)

Training Features shape:  (307511, 243)
Testing Features shape:  (48744, 239)
```

图17-9 独热编码法

从训练数据中提取目标列（它们不在测试数据中，但需要保留这些信息）。在对齐时，必须确保axis=1，表示对齐数据帧是基于列而不是行，如图17-10所示。

```
# seperate target variable
train_labels = train_df['TARGET']
# combine the training and testing data, keep only columns present in both dataframes
train_df, test_df = train_df.align(test_df, join = 'inner', axis = 1)
# add the target back in
train_df['TARGET'] = train_labels

print('Training Features shape: ', train_df.shape)
print('Testing Features shape: ', test_df.shape)

Training Features shape:  (307511, 240)
Testing Features shape:  (48744, 239)
```

图17-10 对齐训练与测试数据

现在的训练数据集和测试数据集具有相同的机器学习所需特性。在进行EDA之前，一定要注意的一个问题是在数据中查找异常，如图17-11所示。异常可能是输入错误的数字、错误的测量设备，或者是有效但极端的测量方式。一种支持把异常量化的方法是使用描述方法查看列的统计信息。请尝试在DAYS_EMPLOYED列上使用.describe()，看一看结果如何。

```
anomalous_clients = train_df[train_df['DAYS_EMPLOYED'] == 365243]
non_anomalous_clients = train_df[train_df['DAYS_EMPLOYED'] != 365243]
print('The non-anomalies default on %0.2f%% of loans' % (100 * non_anomalous_clients['TARGET'].mean()))
print('The anomalies default on %0.2f%% of loans' % (100 * anomalous_clients['TARGET'].mean()))
print('There are %d anomalous days of employment' % len(anomalous_clients))

The non-anomalies default on 8.66% of loans
The anomalies default on 5.40% of loans
There are 55374 anomalous days of employment
```

图17-11 查找异常

事实证明，异常违约率较低。如何处理这些异常取决于具体情况，没有既定的规则。

一种安全的方法就是将异常值设置为缺失值，然后在机器学习之前填充（使用归责）。

在本案例中，将用非数字（np.nan）填充异常值，然后创建一个新的布尔列，以指示数值是否异常，如图17-12所示。

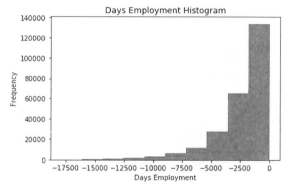

图17-12　填充异常值

一个极其重要的注意事项是，我们对训练数据所做的任何处理，也必须同样照搬到测试数据上。因此，请自行在测试数据集中重复上述步骤。既然已经处理了分类变量和异常值，那么接着要寻找特征和目标之间的相关性。可以使用.corr数据帧方法计算每个变量和目标之间的皮尔逊相关系数，如图17-13所示。

来看一看相关性更显著的特征：DAYS_BIRTH是最大正相关（排除TARGET，因为变量与自身的相关性始终为1！）。DAYS_BIRTH是指客户在贷款时以天为单位的年龄的负数（不管出于何种原因）。虽然相关性为正，但这个特性值实际上是负数，这意味着随着客户年龄的增长，他们拖欠贷款的可能性降低（目标值=0）。这有点让人混乱，我们取特征的绝对值，然后相关性变为负，如图17-14所示。

客户年龄（Age）与目标（Count）呈负线性相关，这意味着随着客户年龄的增长，他们往往会更加经常地按时偿还贷款。做一个年龄的柱状图，为了方便理解，x轴的单位为年，如图17-15所示。

```
# Find correlations with the target and sort
correlations = train_df.corr()['TARGET'].sort_values()
# Display correlations
print('Most Positive Correlations:\n', correlations.tail())
print('\nMost Negative Correlations:\n', correlations.head())

Most Positive Correlations:
 REGION_RATING_CLIENT          0.058899
 REGION_RATING_CLIENT_W_CITY   0.060893
 DAYS_EMPLOYED                 0.074958
 DAYS_BIRTH                    0.078239
 TARGET                        1.000000
Name: TARGET, dtype: float64

Most Negative Correlations:
 EXT_SOURCE_3                         -0.178919
 EXT_SOURCE_2                         -0.160472
 EXT_SOURCE_1                         -0.155317
 NAME_EDUCATION_TYPE_Higher education -0.056593
 CODE_GENDER_F                        -0.054704
Name: TARGET, dtype: float64
```

图17-13 寻找特征与目标之间的相关性

```
# Find the correlation of the positive days since birth and target
train_df['DAYS_BIRTH'] = abs(train_df['DAYS_BIRTH'])
train_df['DAYS_BIRTH'].corr(train_df['TARGET'])

-0.07823930830982712
```

图17-14 DAYS_BIRTH与TARGET的相关性

```
plt.hist(train_df['DAYS_BIRTH'] / 365, edgecolor = 'k', bins = 25)
plt.title('Age of Client'); plt.xlabel('Age (years)'); plt.ylabel('Count')
plt.show()
```

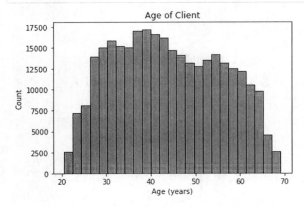

图17-15 年龄柱状图

年龄分布本身并不能提供更多信息！由于所有年龄都是真实合理的，因此没有异常值（年龄都没有超过70岁）。接下来尝试两种简单的用于特征工程的特征构造法：多项式特征（Polynomial Feature）和领域知识特征（Domain Knowledge Feature）。多项式模型是一个很好的工具，可以用来确定哪些输入因素驱动反应变量以及反应的方向。在多项式法中，基于现有特征的幂以及现有特征之间的交互项创建新特征；而在领域知识法中，使用特定于某个领域的专业知识来创建新特征。多项式法示例如图17-16和图17-17所示。

```
# Make a new dataframe for polynomial features
poly_features = train_df[['EXT_SOURCE_1', 'EXT_SOURCE_2', 'EXT_SOURCE_3', 'DAYS_BIRTH', 'TARGET']]
poly_features_test = test_df[['EXT_SOURCE_1', 'EXT_SOURCE_2', 'EXT_SOURCE_3', 'DAYS_BIRTH']]

# imputer for handling missing values
from sklearn.preprocessing import Imputer
imputer = Imputer(strategy = 'median')

poly_target = poly_features['TARGET']

poly_features = poly_features.drop(columns = ['TARGET'])

# Need to impute missing values
poly_features = imputer.fit_transform(poly_features)
poly_features_test = imputer.transform(poly_features_test)

from sklearn.preprocessing import PolynomialFeatures
poly_transformer = PolynomialFeatures(degree = 3)
```

图17-16　预处理缺失值

```
# Train the polynomial features
poly_transformer.fit(poly_features)
# Transform the features
poly_features = poly_transformer.transform(poly_features)
poly_features_test = poly_transformer.transform(poly_features_test)
print('Polynomial Features shape: ', poly_features.shape)

Polynomial Features shape:  (307511, 35)
```

图17-17　训练多项式特征

上述代码将创建大量的新特性。要获取它们的名称，必须使用多项式特征的 `get_feature_names()` 方法。在该方法中，传入输入特性的名称，输出如图17-18所示。

```
# get the names
poly_transformer.get_feature_names(input_features = ['EXT_SOURCE_1', 'EXT_SOURCE_2', 'EXT_SOURCE_3', 'DAYS_BIRTH'])[:15]
['1',
 'EXT_SOURCE_1',
 'EXT_SOURCE_2',
 'EXT_SOURCE_3',
 'DAYS_BIRTH',
 'EXT_SOURCE_1^2',
 'EXT_SOURCE_1 EXT_SOURCE_2',
 'EXT_SOURCE_1 EXT_SOURCE_3',
 'EXT_SOURCE_1 DAYS_BIRTH',
 'EXT_SOURCE_2^2',
 'EXT_SOURCE_2 EXT_SOURCE_3',
 'EXT_SOURCE_2 DAYS_BIRTH',
 'EXT_SOURCE_3^2',
 'EXT_SOURCE_3 DAYS_BIRTH',
 'DAYS_BIRTH^2']
```

图17-18　get_feature_names()

共计 35 个特征，其中每个输入特征的幂指数增加了 3 级（degree=3）并且含有交互项。现在可以查看这些新特性是否与目标相关，如图 17-19 所示。

```
# Create a dataframe of the features
poly_features = pd.DataFrame(poly_features,
                    columns = poly_transformer.get_feature_names(['EXT_SOURCE_1', 'EXT_SOURCE_2',
                                                                  'EXT_SOURCE_3', 'DAYS_BIRTH']))
# Add in the target
poly_features['TARGET'] = poly_target

# Find the correlations with the target
poly_corrs = poly_features.corr()['TARGET'].sort_values()

# Display most negative and most positive
print(poly_corrs.head())
print(poly_corrs.tail())

EXT_SOURCE_2 EXT_SOURCE_3               -0.193939
EXT_SOURCE_1 EXT_SOURCE_2 EXT_SOURCE_3  -0.189605
EXT_SOURCE_2 EXT_SOURCE_3 DAYS_BIRTH    -0.181283
EXT_SOURCE_2^2 EXT_SOURCE_3             -0.176428
EXT_SOURCE_2 EXT_SOURCE_3^2             -0.172282
Name: TARGET, dtype: float64
DAYS_BIRTH      -0.078239
DAYS_BIRTH^2    -0.076672
DAYS_BIRTH^3    -0.074273
TARGET           1.000000
1                     NaN
Name: TARGET, dtype: float64
```

图 17-19　新特征与目标的相关性

很明显，与原始特征相比，大多数新变量与目标具有更大的相关性（以绝对值衡量）。当建立机器学习模型时，可以尝试使用或者不使用这些特征来确定它们是否真的有助于模型学习。我们把这些特征添加到训练和测试数据的副本中，然后在有或没有这些特征的情况下评估模型的效果，如图 17-20 所示。在机器学习中，知道方法是否有效的唯一方法就是尝试它。

```
# Put test features into dataframe
poly_features_test = pd.DataFrame(poly_features_test,
                    columns = poly_transformer.get_feature_names(['EXT_SOURCE_1', 'EXT_SOURCE_2',
                                                                  'EXT_SOURCE_3', 'DAYS_BIRTH']))

# Merge polynomial features into training dataframe
poly_features['SK_ID_CURR'] = train_df['SK_ID_CURR']
app_train_poly = train_df.merge(poly_features, on = 'SK_ID_CURR', how = 'left')

# Merge polnomial features into testing dataframe
poly_features_test['SK_ID_CURR'] = test_df['SK_ID_CURR']
app_test_poly = test_df.merge(poly_features_test, on = 'SK_ID_CURR', how = 'left')

# Align the dataframes
app_train_poly, app_test_poly = app_train_poly.align(app_test_poly, join = 'inner', axis = 1)

# Print out the new shapes
print('Training data with polynomial features shape: ', app_train_poly.shape)
print('Testing data with polynomial features shape:  ', app_test_poly.shape)

Training data with polynomial features shape:  (307511, 275)
Testing data with polynomial features shape:   (48744, 275)
```

图 17-20　添加新特征

现在应用领域知识进行特征工程。我们可以创建一些特征，试图捕捉主观上认为会影响判断客户是否可能违约的重要信息，如图17-21所示。为此，需要充分了解客户信息，比如从企业网站或Google上获取背景信息，并了解客户的业务，然后创建新特征。

```python
# Domain Knowledge Features
app_train_domain = train_df.copy()
app_test_domain = test_df.copy()

app_train_domain['CREDIT_INCOME_PERCENT'] = app_train_domain['AMT_CREDIT'] / app_train_domain['AMT_INCOME_TOTAL']
app_train_domain['ANNUITY_INCOME_PERCENT'] = app_train_domain['AMT_ANNUITY'] / app_train_domain['AMT_INCOME_TOTAL']
app_train_domain['CREDIT_TERM'] = app_train_domain['AMT_ANNUITY'] / app_train_domain['AMT_CREDIT']
app_train_domain['DAYS_EMPLOYED_PERCENT'] = app_train_domain['DAYS_EMPLOYED'] / app_train_domain['DAYS_BIRTH']

#repeat for test
app_test_domain['CREDIT_INCOME_PERCENT'] = app_test_domain['AMT_CREDIT'] / app_test_domain['AMT_INCOME_TOTAL']
app_test_domain['ANNUITY_INCOME_PERCENT'] = app_test_domain['AMT_ANNUITY'] / app_test_domain['AMT_INCOME_TOTAL']
app_test_domain['CREDIT_TERM'] = app_test_domain['AMT_ANNUITY'] / app_test_domain['AMT_CREDIT']
app_test_domain['DAYS_EMPLOYED_PERCENT'] = app_test_domain['DAYS_EMPLOYED'] / app_test_domain['DAYS_BIRTH']
```

图17-21　创建领域知识特征

现在要创建基线模型。本示例将应用逻辑回归和随机森林模型，但也必须引入一些新模型。为了获得基线，要在编码分类变量之后使用所有特征。首先要通过填充缺失值（归责）和归一化特征范围（特征缩放）来预处理数据，图17-22中的代码将执行这些预处理步骤。

```python
# get a baseline
from sklearn.preprocessing import MinMaxScaler, Imputer
# Drop the target from the training data
if 'TARGET' in train_df:
    train = train_df.drop(columns = ['TARGET'])
else:
    train = train_df.copy()
# Feature names
features = list(train.columns)
# Copy of the testing data
test = test_df.copy()
# Median imputation of missing values
imputer = Imputer(strategy = 'median')
# Scale each feature to 0-1
scaler = MinMaxScaler(feature_range = (0, 1))
# Fit on the training data
imputer.fit(train)
# Transform both training and testing data
train = imputer.transform(train)
test = imputer.transform(test_df)
# Repeat with the scaler
scaler.fit(train)
train = scaler.transform(train)
test = scaler.transform(test)
print('Training data shape: ', train.shape)
print('Testing data shape: ', test.shape)

Training data shape:  (307511, 240)
Testing data shape:  (48744, 240)
```

图17-22　数据预处理

现在使用 `.fit()` 方法创建和训练模型，如图17-23所示。

```
from sklearn.linear_model import LogisticRegression
# Make the model with the specified regularization parameter
log_reg = LogisticRegression(C = 0.0001)
# Train on the training data
log_reg.fit(train, train_labels)

LogisticRegression(C=0.0001, class_weight=None, dual=False,
          fit_intercept=True, intercept_scaling=1, max_iter=100,
          multi_class='ovr', n_jobs=1, penalty='l2', random_state=None,
          solver='liblinear', tol=0.0001, verbose=0, warm_start=False)
```

图17-23　训练模型

既然已经训练过模型，那么现在就使用它进行预测，如图17-24所示。因为想预测贷款违约的概率，所以使用模型的 `predict.proba()` 方法。它将返回一个 $m \times 2$ 的数组，其中 m 是观测值的数量。第一列是目标为0的概率，第二列是目标为1的概率（因此同一行中两列的总和必须为1）。我们想知道贷款违约的可能性，因此选中第二列。

```
# Make predictions
# Make sure to select the second column only
log_reg_pred = log_reg.predict_proba(test)[:, 1]
```

图17-24　预测违约概率

接下来要以CSV格式准备交付文件，便于与客户共享。CSV文件中只有两列：SK_ID_CURR 和 TARGET。

从测试集中创建一个名为 submit 的数据帧，格式与CSV文件相同，如图17-25所示。

```
# Submission dataframe
submit = test_df[['SK_ID_CURR']]
submit['TARGET'] = log_reg_pred
submit.head()
```

	SK_ID_CURR	TARGET
0	100001	0.087750
1	100005	0.163957
2	100013	0.110238
3	100028	0.076575
4	100038	0.154924

图17-25　创建 submit 数据帧

稍后使用数据帧的.to_csv()方法将其保存在CSV文件中，如图17-26所示。

```
# Save the submission to a csv file
submit.to_csv('E:/pg/bpb/BPB-Publications/Datasets/Case Studies/case_study_1/log_reg_baseline.csv', index = False)
```

图17-26　保存为csv文件

现在尝试第二个模型——在相同的训练数据上应用随机森林，如图17-27所示，看一看会如何影响性能。

```
from sklearn.ensemble import RandomForestClassifier
# Make the random forest classifier
random_forest = RandomForestClassifier(n_estimators = 100, random_state = 50, verbose = 1, n_jobs = -1)
```

图17-27　生成随机森林分类器

和其他模型一样，此处使用了一些参数初始化随机森林分类器模型，这些参数包括评估器的数量、随机状态、冗长度和任务数。请自行尝试使用不同的值修改这些参数。

```
# Train on the training data
random_forest.fit(train, train_labels)
# Extract feature importances
feature_importance_values = random_forest.feature_importances_
feature_importances = pd.DataFrame({'feature': features, 'importance': feature_importance_values})
# Make predictions on the test data
predictions = random_forest.predict_proba(test)[:, 1]

[Parallel(n_jobs=-1)]: Done  42 tasks      | elapsed:   32.6s
[Parallel(n_jobs=-1)]: Done 100 out of 100 | elapsed:  1.2min finished
[Parallel(n_jobs=4)]: Done  42 tasks      | elapsed:    0.3s
[Parallel(n_jobs=4)]: Done 100 out of 100 | elapsed:    0.7s finished

# Make a submission dataframe
submit = test_df[['SK_ID_CURR']]
submit['TARGET'] = predictions
# Save the submission dataframe
submit.to_csv('E:/pg/bpb/BPB-Publications/Datasets/Case Studies/case_study_1/random_forest_baseline.csv', index = False)
```

图17-28　应用随机森林模型

现在使用工程特性进行预测，如图17-28所示。唯一一种查看所创建的多项式特征和领域知识特征是否改进了模型的方法是在这些特征上训练并测试模型，然后可以将交付文件的性能与没有这些特性时的性能进行比较，以评估特性工程的效果，如图17-29和图17-30所示。

```
poly_features_names = list(app_train_poly.columns)
# Impute the polynomial features
imputer = Imputer(strategy = 'median')

poly_features = imputer.fit_transform(app_train_poly)
poly_features_test = imputer.transform(app_test_poly)

# Scale the polynomial features
scaler = MinMaxScaler(feature_range = (0, 1))

poly_features = scaler.fit_transform(poly_features)
poly_features_test = scaler.transform(poly_features_test)

random_forest_poly = RandomForestClassifier(n_estimators = 100, random_state = 50, verbose = 1, n_jobs = -1)
```

图17-29　预处理多项式特征

```
# Train on the training data
random_forest_poly.fit(poly_features, train_labels)

# Make predictions on the test data
predictions = random_forest_poly.predict_proba(poly_features_test)[:, 1]

[Parallel(n_jobs=-1)]: Done  42 tasks       | elapsed:   47.0s
[Parallel(n_jobs=-1)]: Done 100 out of 100  | elapsed:  1.8min finished
[Parallel(n_jobs=4)]: Done  42 tasks        | elapsed:    0.1s
[Parallel(n_jobs=4)]: Done 100 out of 100   | elapsed:    0.4s finished

# Make a submission dataframe
submit = test_df[['SK_ID_CURR']]
submit['TARGET'] = predictions

# Save the submission dataframe
submit.to_csv('E:/pg/bpb/BPB-Publications/Datasets/Case Studies/case_study_1/random_forest_baseline_engineered.csv',
```

图17-30　应用多项式特征预测

同样地，也应该像之前应用逻辑模型时那样处理领域特征，如图17-31和图17-32所示。

```
app_train_domain = app_train_domain.drop(columns = 'TARGET')
domain_features_names = list(app_train_domain.columns)
# Impute the domainnomial features
imputer = Imputer(strategy = 'median')
domain_features = imputer.fit_transform(app_train_domain)
domain_features_test = imputer.transform(app_test_domain)
# Scale the domainnomial features
scaler = MinMaxScaler(feature_range = (0, 1))
domain_features = scaler.fit_transform(domain_features)
domain_features_test = scaler.transform(domain_features_test)
random_forest_domain = RandomForestClassifier(n_estimators = 100, random_state = 50, verbose = 1, n_jobs = -1)
# Train on the training data
random_forest_domain.fit(domain_features, train_labels)
# Extract feature importances
feature_importance_values_domain = random_forest_domain.feature_importances_
feature_importances_domain = pd.DataFrame({'feature': domain_features_names, 'importance': feature_importance_values_domain})
# Make predictions on the test data
predictions = random_forest_domain.predict_proba(domain_features_test)[:, 1]

[Parallel(n_jobs=-1)]: Done  42 tasks       | elapsed:   31.8s
[Parallel(n_jobs=-1)]: Done 100 out of 100  | elapsed:  1.2min finished
[Parallel(n_jobs=4)]: Done  42 tasks        | elapsed:    0.3s
[Parallel(n_jobs=4)]: Done 100 out of 100   | elapsed:    0.7s finished
```

图17-31　应用领域特征预测

```
# Make a submission dataframe
submit = test_df[['SK_ID_CURR']]
submit['TARGET'] = predictions
# Save the submission dataframe
submit.to_csv('E:/pg/bpb/BPB-Publications/Datasets/Case Studies/case_study_1/random_forest_baseline_domain.csv', index = False)
```

图17-32　生成交付文件

可以通过接受者操作特性（Receiver Operating Characteristic，ROC）和ROC曲线下面积（Area Under Curve，AUC）来度量每个模型的预测能力。请计算上述每个模型的AUC值，看一看准确率是否有提高。

现在为了了解哪些变量的相关程度较高，可以查看随机森林的特征重要性，并在后续工作中使用这些特征重要性作为降维的方法。因此这一步也必不可少，操作如图17-33和图17-34所示。

```
def plot_feature_importances(df):
    # Sort features according to importance
    df = df.sort_values('importance', ascending = False).reset_index()

    # Normalize the feature importances to add up to one
    df['importance_normalized'] = df['importance'] / df['importance'].sum()

    # Make a horizontal bar chart of feature importances
    plt.figure(figsize = (8, 4))
    ax = plt.subplot()

    # Need to reverse the index to plot most important on top
    ax.barh(list(reversed(list(df.index[:15]))),
            df['importance_normalized'].head(15),
            align = 'center', edgecolor = 'k')

    # Set the yticks and labels
    ax.set_yticks(list(reversed(list(df.index[:15]))))
    ax.set_yticklabels(df['feature'].head(15))

    # Plot labeling
    plt.xlabel('Normalized Importance'); plt.title('Feature Importances')
    plt.show()
    return df
```

图17-33 按重要性排序特征

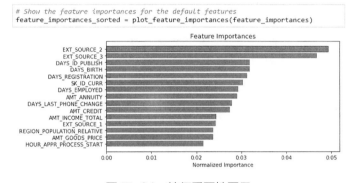

图17-34 特征重要性图示

正如所料，最重要的特征是与EXT_SOURCE和DAYS_BIRTH相关的特征。我们能看到，只有少数几个特征对模型具有重要意义，这表明可以在不降低性能的情况下删除很多无关紧要的特征（甚至能看到性能提高）。

小结

在本练习中，生成了一个基线模型来解决现实的监督式机器学习问题，也已经尝试了逻辑回归和随机森林分类器，但是还有其他模型等待被用于扩展基础模型，看一看它们会如何提高模型的准确率。请尝试应用不同的模型，并且不要忘记使用ROC-AUC度量检查模型的性能。

第18章
案例研究2

目标：创建一个预测模型以准确分类哪些短信是垃圾信息。

关于数据集：垃圾短信集合是一组被收集来用于查找垃圾信息的带SMS标签的消息。它包含5574条英文短信，并且分别标记为合法（ham）或垃圾（spam）。文件的每一行代表一条信息，每行由两列组成：v1包含标签（合法或垃圾），v2包含spam.csv文件中的原始文本。

机器学习模型：多项式朴素贝叶斯与支持向量机。

导入所需的基本库并将数据集加载到Pandas数据帧中，如图18-1所示。

```
import numpy as np
import pandas as pd
import matplotlib.pyplot as plt
from collections import Counter
from sklearn import feature_extraction, model_selection, naive_bayes, metrics, svm
from IPython.display import Image
import warnings
warnings.filterwarnings("ignore")
%matplotlib inline
```

图18-1 导入所需库

在本案例研究中，将应用朴素贝叶斯和支持向量机算法。在图18-1的代码单元中，已经导入了这两个算法库和一些基本库。

如图18-2所示加载数据集，虽然此数据集是干净的，但在进一步操作之前，最好使用 .info() 和 .isnull() 方法检查每列的数据类型和缺失值。通过绘制图形来查看垃圾短信和非垃圾短信的分布状况。因为一共有两个类别，所以最好绘制条形图或饼状图来查看分布。首先绘制条形图，然后再绘制饼状图，如图18-3和图18-4所示。

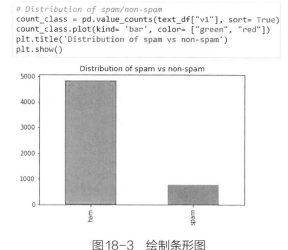

```
text_df = pd.read_csv('E:/pg/bpb/BPB-Publications/Datasets/Case Studies/case_study_2/spam.csv', encoding='latin-1')
text_df.head()
```

	v1	v2	Unnamed: 2	Unnamed: 3	Unnamed: 4
0	ham	Go until jurong point, crazy.. Available only ...	NaN	NaN	NaN
1	ham	Ok lar... Joking wif u oni...	NaN	NaN	NaN
2	spam	Free entry in 2 a wkly comp to win FA Cup fina...	NaN	NaN	NaN
3	ham	U dun say so early hor... U c already then say...	NaN	NaN	NaN
4	ham	Nah I don't think he goes to usf, he lives aro...	NaN	NaN	NaN

图18-2　加载数据集

```
# Distribution of spam/non-spam
count_class = pd.value_counts(text_df["v1"], sort= True)
count_class.plot(kind= 'bar', color= ["green", "red"])
plt.title('Distribution of spam vs non-spam')
plt.show()
```

图18-3　绘制条形图

可以绘制饼状图将上述结果以另一种可视化的方式展示，如图18-4所示，用百分比表示结果。

从图18-4的图中可以很容易地看到，13%的信息被定义为垃圾短信（spam），而其余的不是垃圾短信（ham）。接下来查看每个单词在垃圾短信和非垃圾短信文本中的频率。为此，将使用`collections.Counter()`，因为它把元素存储为字典的键，而其计数值被存储为字典的值，如图18-5所示。

在图18-5的代码单元中，使用了`Counter()`函数计算垃圾和合法短信的频率，然后将计数分别存储在两个数据帧（ham_df和spam_df）中，稍后绘制频率图。首先绘制经常出现在非垃圾短信中的单词，如图18-6所示。

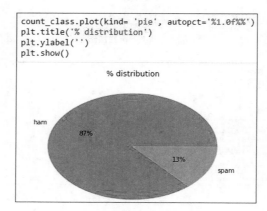

图18-4 绘制饼状图

```
# find frequencies of words in the spam and non-spam messages
ham_count = Counter(" ".join(text_df[text_df['v1']=='ham']["v2"]).split()).most_common(20)
ham_df = pd.DataFrame.from_dict(ham_count)
ham_df = ham_df.rename(columns={0: "words in non-spam", 1 : "count"})

spam_count = Counter(" ".join(text_df[text_df['v1']=='spam']["v2"]).split()).most_common(20)
spam_df = pd.DataFrame.from_dict(spam_count)
spam_df = spam_df.rename(columns={0: "words in spam", 1 : "count"})
```

图18-5 统计单词频率

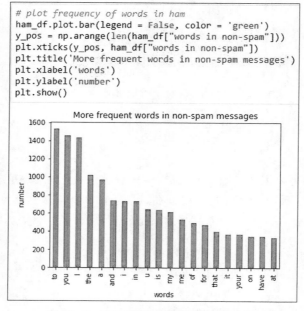

图18-6 非垃圾短信的常见单词分布图

然后绘制垃圾短信中出现频率高的单词，如图18-7所示。

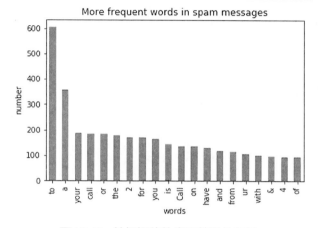

图18-7　垃圾短信的常见单词分布图

从图18-6和图18-7中可以看出，这两类中的大多数常用词都是停顿词（stop word），如to、a、or等。停顿词是指在语言中常见但在机器学习中没有意义的单词。建议删除这些单词。此外，创建新特征也是提高模型准确率的一个好选择。

现在将通过两个简单的步骤来学习如何实现。可使用 sklearn.feature_extraction 模块从包含文本等格式的数据集中提取机器学习算法所支持格式的特征。我们将使用 sklearn 的 CountVectorizer 接口把文本文档集合转换为令牌计数矩阵，并删除停顿词，如图18-8所示。

```
# remove the stop words and create new features
f = feature_extraction.text.CountVectorizer(stop_words = 'english')
X = f.fit_transform(text_df["v2"])
np.shape(X)

(5572, 8404)
```

图18-8　删除停顿词并创建新特征

至此，创建了 8400 多个新特征。

现在开始预测分析。首先将垃圾短信映射为 1，将非垃圾短信映射为 0；然后在训练集和测试集中分割数据集，如图 18-9 所示。

```
text_df["v1"] = text_df["v1"].map({'spam':1,'ham':0})
X_train, X_test, y_train, y_test = model_selection.train_test_split(X, text_df['v1'], test_size=0.33, random_state=42)
print([np.shape(X_train), np.shape(X_test)])

[(3733, 8404), (1839, 8404)]
```

图 18-9　映射与拆分

我们将通过改变正则化参数来训练不同的贝叶斯模型，并使用测试集评估模型的准确率、召回率和精度，如图 18-10 所示。

```
list_alpha = np.arange(1/100000, 20, 0.11)
score_train = np.zeros(len(list_alpha))
score_test = np.zeros(len(list_alpha))
recall_test = np.zeros(len(list_alpha))
precision_test= np.zeros(len(list_alpha))
count = 0
for alpha in list_alpha:
    bayes = naive_bayes.MultinomialNB(alpha=alpha)
    bayes.fit(X_train, y_train)
    score_train[count] = bayes.score(X_train, y_train)
    score_test[count]= bayes.score(X_test, y_test)
    recall_test[count] = metrics.recall_score(y_test, bayes.predict(X_test))
    precision_test[count] = metrics.precision_score(y_test, bayes.predict(X_test))
    count = count + 1
```

图 18-10　多项式朴素贝叶斯算法

在图 18-10 的代码单元中，定义了用于朴素贝叶斯算法的参数。本示例使用了多项式朴素贝叶斯算法，其训练过程与其他 sklearn API 相同——先拟合模型，然后进行预测，并且使用了 `metrics.recall_score()` 函数计算召回率。

召回率是 $tp/(tp+fn)$ 的比值，其中 tp 是真阳性数，fn 是假阴性数。召回率直观地表现分类器查找所有正样本的能力，因此最佳值为 1，最差值为 0。

在计算召回率之后，还要计算精度，即 $tp/(tp+fp)$ 的比值，其中 tp 是真阳性数，fp 是假阳性数。精度直观地表现分类器不把负样本标记为正样本的能力。接下来在图 18-11 的代码单元中，要使用不同的矩阵计算模型性能。

正如所见，图 18-11 的输出结果展示了不同学习模型的精度，现在要选择测试精度（Test Precision）最优的模型，如图 18-12 中的代码单元所示。

```
# Let's see some learning models and their metrics
matrix = np.matrix(np.c_[list_alpha, score_train, score_test, recall_test, precision_test])
models = pd.DataFrame(data = matrix, columns =
                     ['alpha', 'Train Accuracy', 'Test Accuracy', 'Test Recall', 'Test Precision'])
models.head()
```

	alpha	Train Accuracy	Test Accuracy	Test Recall	Test Precision
0	0.00001	0.998661	0.974443	0.920635	0.895753
1	0.11001	0.997857	0.976074	0.936508	0.893939
2	0.22001	0.997857	0.977162	0.936508	0.900763
3	0.33001	0.997589	0.977162	0.936508	0.900763
4	0.44001	0.997053	0.977162	0.936508	0.900763

图18-11　衡量模型性能

```
best_index = models['Test Precision'].idxmax()
models.iloc[best_index, :]

alpha            15.730010
Train Accuracy    0.979641
Test Accuracy     0.969549
Test Recall       0.777778
Test Precision    1.000000
Name: 143, dtype: float64
```

图18-12　选择最高测试精度

从图18-12的输出单元中可以看到，训练和测试的精度得分几乎相同，这意味着模型没有过拟合。也要检查一下具有100%精度的模型是否不止1个，如图18-13所示。

```
models[models['Test Precision']==1].head()
```

	alpha	Train Accuracy	Test Accuracy	Test Recall	Test Precision
143	15.73001	0.979641	0.969549	0.777778	1.0
144	15.84001	0.979641	0.969549	0.777778	1.0
145	15.95001	0.979641	0.969549	0.777778	1.0
146	16.06001	0.979373	0.969549	0.777778	1.0
147	16.17001	0.979373	0.969549	0.777778	1.0

图18-13　测试精度为1的模型

如读者所见，不止一个模型有100%的精度，但在alpha和训练准确率（Train Accuracy）得分上有一些差异。选择一个测试准确率（Test Accuracy）更高的模型，如图18-14所示。

可以很容易地从图18-14的输出结果中看到，alpha值为15.730010，训练准确率为0.979641，测试准确率（Test Accuracy）为0.969549的模型是最佳模型，该模型的指数为143。为朴素贝叶斯分类器生成混淆矩阵，如图18-15所示。

```
best_index = models[models['Test Precision']==1]['Test Accuracy'].idxmax()
bayes = naive_bayes.MultinomialNB(alpha=list_alpha[best_index])
bayes.fit(X_train, y_train)
models.iloc[best_index, :]

alpha            15.730010
Train Accuracy    0.979641
Test Accuracy     0.969549
Test Recall       0.777778
Test Precision    1.000000
Name: 143, dtype: float64
```

图18-14　选择最高测试准确率

```
# Confusion matrix with naive bayes classifier
m_confusion_test = metrics.confusion_matrix(y_test, bayes.predict(X_test))
pd.DataFrame(data = m_confusion_test, columns = ['Predicted 0', 'Predicted 1'],
             index = ['Actual 0', 'Actual 1'])
```

	Predicted 0	Predicted 1
Actual 0	1587	0
Actual 1	56	196

图18-15　生成朴素贝叶斯分类器的混淆矩阵

在看到图18-16的混淆矩阵结果之后，可以说我们错误地将56封垃圾短信归类为非垃圾短信，而非垃圾短信归类没有发生错误；跟刚才发现的一样，模型有96.95%的测试准确率。现在使用第二个模型——支持向量机重复上述步骤，如图18-16、图18-17、图18-18和图18-19所示。

```
# repeat same steps with Support Vector Machine
list_C = np.arange(500, 2000, 100)
score_train = np.zeros(len(list_C))
score_test = np.zeros(len(list_C))
recall_test = np.zeros(len(list_C))
precision_test= np.zeros(len(list_C))
count = 0
for C in list_C:
    svc = svm.SVC(C=C)
    svc.fit(X_train, y_train)
    score_train[count] = svc.score(X_train, y_train)
    score_test[count]= svc.score(X_test, y_test)
    recall_test[count] = metrics.recall_score(y_test, svc.predict(X_test))
    precision_test[count] = metrics.precision_score(y_test, svc.predict(X_test))
    count = count + 1
```

图18-16　支持向量机算法

```
matrix = np.matrix(np.c_[list_C, score_train, score_test, recall_test, precision_test])
models = pd.DataFrame(data = matrix, columns =
                      ['C', 'Train Accuracy', 'Test Accuracy', 'Test Recall', 'Test Precision'])
models.head()
```

	C	Train Accuracy	Test Accuracy	Test Recall	Test Precision
0	500.0	0.994910	0.982599	0.873016	1.0
1	600.0	0.995982	0.982599	0.873016	1.0
2	700.0	0.996785	0.982599	0.873016	1.0
3	800.0	0.997053	0.983143	0.876984	1.0
4	900.0	0.997589	0.983143	0.876984	1.0

```
best_index = models['Test Precision'].idxmax()
models.iloc[best_index, :]
C                 500.000000
Train Accuracy      0.994910
Test Accuracy       0.982599
Test Recall         0.873016
Test Precision      1.000000
Name: 0, dtype: float64
```

图18-17　衡量模型性能并获取最佳测试精度

```
models[models['Test Precision']==1].head()
```

	C	Train Accuracy	Test Accuracy	Test Recall	Test Precision
0	500.0	0.994910	0.982599	0.873016	1.0
1	600.0	0.995982	0.982599	0.873016	1.0
2	700.0	0.996785	0.982599	0.873016	1.0
3	800.0	0.997053	0.983143	0.876984	1.0
4	900.0	0.997589	0.983143	0.876984	1.0

```
best_index = models[models['Test Precision']==1]['Test Accuracy'].idxmax()
svc = svm.SVC(C=list_C[best_index])
svc.fit(X_train, y_train)
models.iloc[best_index, :]
C                 800.000000
Train Accuracy      0.997053
Test Accuracy       0.983143
Test Recall         0.876984
Test Precision      1.000000
Name: 3, dtype: float64
```

图18-18　在测试精度为1的模型中选择最高测试准确率

```
m_confusion_test = metrics.confusion_matrix(y_test, svc.predict(X_test))
pd.DataFrame(data = m_confusion_test, columns = ['Predicted 0', 'Predicted 1'],
             index = ['Actual 0', 'Actual 1'])
```

	Predicted 0	Predicted 1
Actual 0	1587	0
Actual 1	31	221

图18-19　生成支持向量机的混淆矩阵

在这种情况下，我们错误地把31条垃圾短信分类为非垃圾短信，而对非垃圾短信的分类没有出错，这表明SVC模型具有98.3%的测试精度，比朴素贝叶斯模型要好。

现在可以借助支持向量机模型把新文本分类为垃圾短信或非垃圾短信，如图18-20所示。

```
# predicting a new text using our svm model
Y = ["A loan for £950 is approved for you if you receive this SMS. 1 min verification & cash in 1 hr at www.example.co.uk
f = feature_extraction.text.CountVectorizer(stop_words = 'english')
f.fit(text_df["v2"])
X = f.transform(Y)
res=svc.predict(X)
if res==1:
    print('This text is spam')
else:
    print('This text is not a spam')

This text is spam
```

图18-20　应用支持向量机做预测

正如在图18-21的输出单元中所见，作者添加了一个新语句来测试模型。在此，首先把它存储在Y变量中；然后用英文停顿词初始化了 CountVectorizer() 函数；接下来训练了模型，并在转换新语句之后预测结果；模型将此语句识别为垃圾短信，预测正确。

小结

如果仔细阅读此案例研究，会发现分类邮件或信息并不是一项艰巨的任务。Gmail、雅虎邮件和其他电子邮件平台已经在使用类似的算法完成这项任务了。朴素贝叶斯和支持向量机是垃圾信息和非垃圾信息分类问题中常用的两种算法。请自行在这些模型中尝试不同的参数，查看参数的改变会如何影响准确率的变化。

第19章
案例研究3

目标：创建电影推荐引擎。

关于数据集：TMDB数据集包含约5000部电影和电视剧，含有剧情、演员、剧组、预算和收入的数据。credit csv（tmdb_5000_credits.csv）包含电影名称、标题、演员、剧组的详细信息，而movie csv文件（tmdb_5000_movies.csv）包含电影预算、流派、收入、人气等信息。

主要机器学习库：TfidfVectorizer和CountVectorizer。

关于推荐引擎：推荐引擎使用不同的算法过滤数据，并向用户推荐最相关的娱乐产品。首先捕捉客户过去的行为，并以此为基础，推荐用户可能会购买的产品。在本案例中，将分别构建基于流行度和基于内容的电影推荐引擎。

加载数据集，并仔细研究以便更好地理解数据，如图19-1和图19-2所示。

```
credits = pd.read_csv('E:/pg/bpb/BPB-Publications/Datasets/Case Studies/case_study_3/tmdb_5000_credits.csv')
credits.info()

<class 'pandas.core.frame.DataFrame'>
RangeIndex: 4803 entries, 0 to 4802
Data columns (total 4 columns):
movie_id    4803 non-null int64
title       4803 non-null object
cast        4803 non-null object
crew        4803 non-null object
dtypes: int64(1), object(3)
memory usage: 150.2+ KB
```

图19-1　加载credit csv数据集

第19章 案例研究3

```
movies = pd.read_csv('E:/pg/bpb/BPB-Publications/Datasets/Case Studies/case_study_3/tmdb_5000_movies.csv')
movies.info()

<class 'pandas.core.frame.DataFrame'>
RangeIndex: 4803 entries, 0 to 4802
Data columns (total 20 columns):
budget                  4803 non-null int64
genres                  4803 non-null object
homepage                1712 non-null object
id                      4803 non-null int64
keywords                4803 non-null object
original_language       4803 non-null object
original_title          4803 non-null object
overview                4800 non-null object
popularity              4803 non-null float64
production_companies    4803 non-null object
production_countries    4803 non-null object
release_date            4802 non-null object
revenue                 4803 non-null int64
runtime                 4801 non-null float64
spoken_languages        4803 non-null object
status                  4803 non-null object
tagline                 3959 non-null object
title                   4803 non-null object
vote_average            4803 non-null float64
vote_count              4803 non-null int64
dtypes: float64(3), int64(4), object(13)
```

图19-2　加载movie csv文件

在开始分析之前，先考虑一个对电影进行评分的指标，因为一部平均评分为7.9分，却只有2票的电影不能被认为比平均评分7.8分，但有45票的电影更好。在电影数据集中已存在vote_count和vote_average，只需要找到整个数据集的平均投票率（vote_average）即可，计算过程如图19-3所示。

```
# calculate mean vote
C = movies['vote_average'].mean()
C

6.092171559442011
```

图19-3　计算平均投票率

结果显示，所有电影的平均评分约为6分（10分制）。

下一步是确定可以被罗列在图表中的电影所要求的最低得票数。我们将使用第90个百分位数作为截止值，如图19-4所示。换言之，一部电影要登上排行榜，它的得票数必须至少超过清单中90%的电影。

```
# calculate minimum votes required to be listed in the chart
m = movies['vote_count'].quantile(0.9)
m

1838.4000000000015
```

图19-4　设定最低得票数

现在筛选出达到图表准入标准的电影，如图19-5所示。

```
# filter out the movies that qualify for the chart
q_movies = movies.copy().loc[movies['vote_count'] >= m]
q_movies.shape

(481, 23)
```

图19-5　筛选符合标准的电影

有481部电影达到标准，能够进入名单。现在需要为合格的每部电影计算度量指标值。

为此，定义一个函数 weighted_rating()。此函数将计算每部合格电影的度量指标。接下来还要定义一个名为 score 的新特征，此特征值通过将 weighted_rating() 函数应用到合格电影数据帧上来计算。这是向生成第一个较为基础的推荐引擎迈出的第一步。

这里已在图19-6中展示了相同的函数公式，以便阅览。

```
# calculate our metric for each qualified movie
def weighted_rating(x, m=m, C=C):
    v = x['vote_count']
    R = x['vote_average']
    # Calculation based on the IMDB formula
    return (v/(v+m) * R) + (m/(m+v) * C)

# Define a new feature 'score' and calculate its value with `weighted_rating()`
q_movies['score'] = q_movies.apply(weighted_rating, axis=1)
#Sort movies based on score calculated above
q_movies = q_movies.sort_values('score', ascending=False)
#Print the top 5 movies
q_movies[['title', 'vote_count', 'vote_average', 'score']].head()
```

	title	vote_count	vote_average	score
1881	The Shawshank Redemption	8205	8.5	8.059258
662	Fight Club	9413	8.3	7.939256
65	The Dark Knight	12002	8.2	7.920020
3232	Pulp Fiction	8428	8.3	7.904645
96	Inception	13752	8.1	7.863239

图19-6　定义新函数和特征

现在来了解如何把从上述代码中获得的5部人气电影可视化，如图19-7所示。

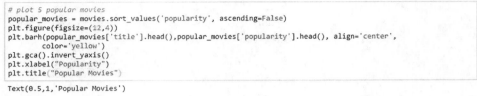

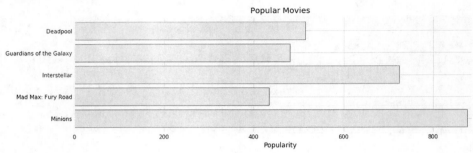

图19-7 可视化人气电影

创建第一个基于流行度的基础推荐引擎是相当容易的。但需要记住的是，这些基于流行度的推荐程序为所有用户提供一般常规性的推荐电影列表，对特定用户的兴趣和偏好不敏感。现在为解决这个问题，我们将创建一个更加完善的系统——基于内容的推荐引擎，在分析中会包括其他列，如概览、演员、剧组、关键字、标语等。为此，需要处理这些文本，便于机器学习模型理解。我们将使用scikit-learn内置的`TfIdfVectorizer`类，该类仅用几行代码就能生成TF-IDF矩阵。在该矩阵中，每一列代表概览词汇表中的一个单词（至少在一个文档中出现过的所有单词），每一列代表一部电影，和之前一样。`TfIdfVectorizer`由两部分组成：词频（Term Frequency，TF）和反转文件频率（Inverse Document Frequency，IDF）。

TF仅提供一个特定单词在单个文档中出现的次数，IDF解决了在指定文档中频繁出现和罕见的单词。在导入此库之后，使用停顿词参数将其初始化为英语。——`stop_words`参数用于删除意义不大的英语单词。

处理概览列中的缺失值，如图19-8所示。

```
from sklearn.feature_extraction.text import TfidfVectorizer
tfidf = TfidfVectorizer(stop_words='english')
# handle missing values
movies['overview'] = movies['overview'].fillna('')
tfidf_matrix = tfidf.fit_transform(movies['overview'])
tfidf_matrix.shape

(4803, 20978)
```

图19-8 处理缺失值

有了这个矩阵，就可以计算相似度的数值了。我们将使用余弦相似度来计算表示两部电影之间相似度的数值。使用余弦相似度的原因是它与大小或尺寸无关，而且计算起来相对简单快捷。余弦相似度是一种度量标准，用于衡量文档的相似程度，而不受文档大小影响。

由于使用了TF-IDF矢量器，因此计算点积就能直接得到余弦相似度的数值。现在将使用sklearn的`linear_kernel()`，而不用`cosine_similarities()`，因为它在执行输入时更快，如图19-9所示。

```
from sklearn.metrics.pairwise import linear_kernel
# compute the cosine similarity matrix
cosine_sim = linear_kernel(tfidf_matrix, tfidf_matrix)
```

图19-9　linear_kernel()

现在定义一个函数，其输入为电影标题，输出为10部较相似电影的列表。首先，需要电影标题和数据帧索引的反向映射；换言之，需要一种能够根据标题来识别元数据数据帧中电影索引的机制，如图19-10所示。

```
# construct a reverse map of indices and movie titles
indices = pd.Series(movies.index, index=movies['title']).drop_duplicates()
```

图19-10　构建索引与电影标题的反向映射

接下来要定义会执行以下步骤的推荐函数，代码如图19-11所示，其测试结果如图19-12所示。

- 根据电影标题设置电影索引。
- 获得指定电影与所有电影的余弦相似度列表。
- 将其转换为一个元组列表，其中第一个元素是位置，第二个元素是相似度数值。
- 根据相似度数值（也就是第二个元素）对前面提到的元组列表进行排序。
- 获取此列表的前10个元素。
- 忽略第一个元素，因为它指的是与自身的相似度（与指定电影最相似的电影是它本身）。
- 返回与前几个元素索引对应的标题。

```
# define our recommendation function
def get_recommendations(title, cosine_sim=cosine_sim):
    idx = indices[title]
    sim_scores = list(enumerate(cosine_sim[idx]))
    sim_scores = sorted(sim_scores, key=lambda x: x[1], reverse=True)
    sim_scores = sim_scores[1:11]
    movie_indices = [i[0] for i in sim_scores]

    return movies['title'].iloc[movie_indices]
```

图19-11　定义推荐函数

```
# test our function
get_recommendations('Spectre')
1343             Never Say Never Again
4071             From Russia with Love
3162                      Thunderball
1717                       Safe Haven
11                 Quantum of Solace
4339                           Dr. No
29                             Skyfall
1880                       Dance Flick
3336              Diamonds Are Forever
1743                         Octopussy
Name: title, dtype: object
```

图19-12　测试函数

太好了，推荐引擎得到了改进！

通过添加以下元数据使其更加成熟：3名主演（cast）、导演（director）、相关流派（genres）和电影情节关键词（keywords）。我们需要从演员、剧组（crew）和关键词特征中提取3名较重要的演员、导演和与电影相关的关键词。现在数据以stringified列表的形式出现，需要将其转换为一个安全可用的结构，如图19-13所示。

```
# parse the stringified features into their corresponding python objects
from ast import literal_eval
features = ['cast', 'crew', 'keywords', 'genres']
for feature in features:
    movies[feature] = movies[feature].apply(literal_eval)
```

图19-13　转换特征结构

接下来要编写函数来协助从每个特性中提取所需信息，如图19-14所示，运行结果如图19-15所示。

```python
# Get the director's name from the crew feature
def get_director(x):
    for i in x:
        if i['job'] == 'Director':
            return i['name']
    return np.nan

# Returns the list top 3 elements or entire list
def get_list(x):
    if isinstance(x, list):
        names = [i['name'] for i in x]
        if len(names) > 3:
            names = names[:3]
        return names
    return []

# Define new director, cast, genres and keywords features that are in a suitable form
movies['director'] = movies['crew'].apply(get_director)
features = ['cast', 'keywords', 'genres']
for feature in features:
    movies[feature] = movies[feature].apply(get_list)
```

图19-14　定义函数提取信息

```
# Print the new features
movies[['title', 'cast', 'director', 'keywords', 'genres']].head()
```

	title	cast	director	keywords	genres
0	Avatar	[Sam Worthington, Zoe Saldana, Sigourney Weaver]	James Cameron	[culture clash, future, space war]	[Action, Adventure, Fantasy]
1	Pirates of the Caribbean: At World's End	[Johnny Depp, Orlando Bloom, Keira Knightley]	Gore Verbinski	[ocean, drug abuse, exotic island]	[Adventure, Fantasy, Action]
2	Spectre	[Daniel Craig, Christoph Waltz, Léa Seydoux]	Sam Mendes	[spy, based on novel, secret agent]	[Action, Adventure, Crime]
3	The Dark Knight Rises	[Christian Bale, Michael Caine, Gary Oldman]	Christopher Nolan	[dc comics, crime fighter, terrorist]	[Action, Crime, Drama]
4	John Carter	[Taylor Kitsch, Lynn Collins, Samantha Morton]	Andrew Stanton	[based on novel, mars, medallion]	[Action, Adventure, Science Fiction]

图19-15　运行结果

下一步是将姓名和关键词实例转换为小写，并去除它们之间的所有空格，如图19-16所示。这样做是为了防止矢量器把John Cena和John Cleese中的John视作同一个人。

```python
# Function to convert all strings to lower case and strip names of spaces
def clean_data(x):
    if isinstance(x, list):
        return [str.lower(i.replace(" ", "")) for i in x]
    else:
        if isinstance(x, str):
            return str.lower(x.replace(" ", ""))
        else:
            return ''

# Apply clean_data function to our features.
features = ['cast', 'keywords', 'director', 'genres']
for feature in features:
    movies[feature] = movies[feature].apply(clean_data)
```

图19-16　处理姓名和关键词

现在可以创建元数据池，这是一个字符串，包含了想要提供给矢量器的所有元数据（演员、导演和关键词），如图19-17所示。

```
def create_soup(x):
    return ' '.join(x['keywords']) + ' ' + ' '.join(x['cast']) + ' ' + x['director'] + ' ' + ' '.join(x['genres'])
movies['soup'] = movies.apply(create_soup, axis=1)
```

图19-17　创建元数据池

现在使用sklearn的CountVectorizer()而非TF-IDF来删除停顿词并转换刚才新创建的soup列，如图19-18所示，推荐函数的测试结果如图19-19所示。

```
from sklearn.feature_extraction.text import CountVectorizer
count = CountVectorizer(stop_words='english')
count_matrix = count.fit_transform(movies['soup'])

# compute the Cosine Similarity matrix based on the count_matrix
from sklearn.metrics.pairwise import cosine_similarity
cosine_sim2 = cosine_similarity(count_matrix, count_matrix)
```

图19-18　删除停顿词并计算余弦相似度

```
# test our get_recommendations() function with our new arguement
get_recommendations('Spectre', cosine_sim2)
29                          Skyfall
11                Quantum of Solace
1084              The Glimmer Man
1234              The Art of War
2156                  Nancy Drew
4638       Amidst the Devil's Wings
62             The Legend of Tarzan
3373       The Other Side of Heaven
4                       John Carter
72                   Suicide Squad
Name: title, dtype: object
```

图19-19　测试推荐函数

可以看到，由于增加了元数据，因此推荐引擎已经成功地捕获了更多信息，毫无疑问给出了更好的推荐。要改进引擎仍然有很多工作要做，比如还没检查过电影的语言：事实上，确保推荐的电影是同一种语言而不是由用户选择是一件比较重要的事情。

请自行添加语言特征到模型中，看一看是否能到更好的结果。本章仅是推荐引擎的一个示例，读者可以将其用作基础模型，并针对不同的问题（如产品推荐或产品类别推荐）扩展此模型。

第20章
案例研究4

目标：线上房地产公司使用机器学习技术提供房屋估价。本案例研究的目的是利用回归分析来预测美国华盛顿州金郡的房屋销售。

关于数据集：此数据集包含金郡（含西雅图）的房价，保存在kc_house_data.csv文件中，含有2014年5月—2015年5月期间出售的房屋信息。

机器学习模型：线性回归和多项式回归。

首先将房屋数据读取到为其定义的名为评估的空数据帧中。该数据框帧包括均方误差（Mean Square Error，MSE）、R平方和调整后R平方，它们是比较不同模型的重要指标。R平方值接近1且MSE较小意味着拟合度更好。在下文示例中，将计算这些指标值并将其与结果一起存储在数据帧中。为此，首先导入所有基本库和sklearn库，如图20-1所示。

```python
import numpy as np
import pandas as pd
from sklearn.model_selection import train_test_split
from sklearn import linear_model
from sklearn.neighbors import KNeighborsRegressor
from sklearn.preprocessing import PolynomialFeatures
from sklearn import metrics
import matplotlib.pyplot as plt
import seaborn as sns
from mpl_toolkits.mplot3d import Axes3D
%matplotlib inline

# create evaluation metrics
evaluation = pd.DataFrame({'Model': [],
                           'Details':[],
                           'Mean Squared Error (MSE)':[],
                           'R-squared (training)':[],
                           'Adjusted R-squared (training)':[],
                           'R-squared (test)':[],
                           'Adjusted R-squared (test)':[]})
```

图20-1　导入库并创建实例

在创建评估数据帧后,要将金郡数据集加载到数据帧中,并查看前5行数据,如图20-2所示。

```
# read and explore data
df = pd.read_csv('E:/pg/bpb/BPB-Publications/Datasets/Case Studies/case_study_4/kc_house_data.csv')
df.head()
```

	id	date	price	bedrooms	bathrooms	sqft_living	sqft_lot	floors	waterfront	view	...	grade	sqft_above	sqft_basement	yr_built
0	7129300520	20141013T000000	221900.0	3	1.00	1180	5650	1.0	0	0	...	7	1180	0	1955
1	6414100192	20141209T000000	538000.0	3	2.25	2570	7242	2.0	0	0	...	7	2170	400	1951
2	5631500400	20150225T000000	180000.0	2	1.00	770	10000	1.0	0	0	...	6	770	0	1933
3	2487200875	20141209T000000	604000.0	4	3.00	1960	5000	1.0	0	0	...	7	1050	910	1965
4	1954400510	20150218T000000	510000.0	3	2.00	1680	8080	1.0	0	0	...	8	1680	0	1987

5 rows × 21 columns

图20-2 加载数据集

请注意,当在一个反应变量和仅一个解释变量之间建立线性关系模型时,将其称为简单线性回归。因为在此想预测房价,所以反应变量是价格。但是对于简单线性模型,还需要选择一个特征作为解释变量。当查看数据集的列时,发现居住面积(sqft)似乎是一个重要特征。

在检验相关矩阵时观察到价格与居住面积(sqft)的相关系数最高,这也支持了作者的观点。因此,作者决定使用居住面积(sqft)作为特征;但是如果读者想检查价格与另一个特征之间的关系,也可以选择另一个特征。我们将在数据帧上应用刚才观察到的逻辑,但首先要把数据集分成80:20的比率,这样就可以在80%的数据上进行训练并在20%的数据上验证模型;其次将目标变量——价格从训练数据集中分离出来,接着使用fit()方法在训练集和目标输出上拟合线性回归模型;同样地从测试数据集中分离出价格,然后使用predict()方法预测测试数据的结果;最后使用均方误差度量来计算模型的损失,如图20-3所示。

```
%%capture
train_data,test_data = train_test_split(df,train_size = 0.8,random_state=3)

lr = linear_model.LinearRegression()
X_train = np.array(train_data['sqft_living'], dtype=pd.Series).reshape(-1,1)
y_train = np.array(train_data['price'], dtype=pd.Series)
lr.fit(X_train,y_train)

X_test = np.array(test_data['sqft_living'], dtype=pd.Series).reshape(-1,1)
y_test = np.array(test_data['price'], dtype=pd.Series)

pred = lr.predict(X_test)
msesm = format(np.sqrt(metrics.mean_squared_error(y_test,pred)),'.3f')
rtrsm = format(lr.score(X_train, y_train),'.3f')
rtesm = format(lr.score(X_test, y_test),'.3f')

print ("Average Price for Test Data: {:.3f}".format(y_test.mean()))
print('Intercept: {}'.format(lr.intercept_))
print('Coefficient: {}'.format(lr.coef_))

r = evaluation.shape[0]
evaluation.loc[r] = ['Simple Model','-',msesm,rtrsm,'-',rtesm,'-']
evaluation
```

图20-3 拟合模型

在图20-3代码单元的后3行中，通过向评估数据帧中传递msem、rtrsm和rtesm这3个度量值来计算模型度量指标值。

可以注意到，在图20-4的输出结果中，对于简单线性模型，均方误差或回归损失为254289.149。

```
Average Price for Test Data: 539744.130
Intercept: -47235.81130290043
Coefficient: [282.2468152]
C:\Users\prateek1.gupta\AppData\Local\Continuum\anaconda3\lib\site-packages\sklearn\model_selection\_split.py:2026: FutureWarni
ng: From version 0.21, test_size will always complement train_size unless both are specified.
  FutureWarning)
```

	Adjusted R-squared (test)	Adjusted R-squared (training)	Details	Mean Squared Error (MSE)	Model	R-squared (test)	R-squared (training)
0	Simple Model	-	254289.149	0.492	-	0.496	-
1	Simple Model	-	254289.149	0.492	-	0.496	-
2	Simple Model	-	254289.149	0.492	-	0.496	-

图20-4 输出结果

因为简单回归只有两个维度，所以绘制拟合图相对容易，执行代码如图20-5所示。图20-6清晰地展现了简单回归的结果。图形看起来并不完美，但当使用真实数据集时，拥有完美的拟合并不容易。

```
plt.figure(figsize=(6.5,5))
plt.scatter(X_test,y_test,color='darkgreen',label="Data", alpha=.1)
plt.plot(X_test,lr.predict(X_test),color="red",label="Predicted Regression Line")
plt.xlabel("Living Space (sqft)", fontsize=15)
plt.ylabel("Price ($)", fontsize=15)
plt.xticks(fontsize=13)
plt.yticks(fontsize=13)
plt.legend()
plt.gca().spines['right'].set_visible(False)
plt.gca().spines['top'].set_visible(False)
```

图20-5 绘制简单线性回归图

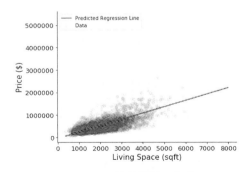

图20-6 简单线性回归图

在上述案例中，应用了简单线性回归，却发现拟合度较差，因为数据看起来围绕着拟合线散乱分布。

为了改进模型，计划添加更多的特征。然而在本案例中，应该小心过拟合，可以通过训练和测试的评估指标之间的高差异度来监测。当线性回归中有多个特征时，被定义为多元回归。接下来，要在拟合多元回归之前检查相关矩阵。

一个模型的特征太多并不总是一件好事，因为当想要预测一个新数据集的值时，可能会导致过拟合和更加糟糕的结果。因此，如果某个特征对提升模型的作用有限，那么不添加它可能是一个更好的选择。

另一个关键点是相关性，如果两个特征之间相关程度很高，那么大多数情况下不建议同时包含两者。例如，在数据集中 `sqft_above` 与 `sqft_living` 列高度相关。相关程度可以在查看数据集的定义时进行估计。

为了确认相关性，可以通过查看相关矩阵来复核，如图20-7和图20-8所示。然而这并不意味着必须要删除其中一个高度相关的特征。比如，`bathrooms` 和 `sqft_living`，它们是高度相关的，但并不能认为它们之间的关系与 `sqft_living` 和 `sqft_above` 之间的关系相同。现在使用所有特征绘制相关矩阵。

```
features = ['price','bedrooms','bathrooms','sqft_living','sqft_lot','floors',
            'waterfront','view','condition','grade','sqft_above','sqft_basement',
            'yr_built','yr_renovated','zipcode','sqft_living15','sqft_lot15']

mask = np.zeros_like(df[features].corr(), dtype=np.bool)
mask[np.triu_indices_from(mask)] = True

f, ax = plt.subplots(figsize=(16, 12))
plt.title('Pearson Correlation Matrix',fontsize=25)

sns.heatmap(df[features].corr(),linewidths=0.25,vmax=1.0,square=True,cmap="BuGn_r",
            linecolor='w',annot=True,mask=mask,cbar_kws={"shrink": .75});
```

图20-7　绘制相关矩阵图

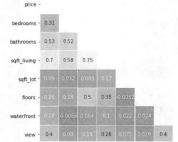

图20-8　Pearson相关矩阵

在研究相关矩阵之后，可以检验这些特征并分析得出一些有用的结论。此外，在应用模型之前绘制图表并检查数据是一种非常不错的做法，因为也许会检测到一些异常值或者决定进行归一化。虽然这些并不是必须的，但是使用可视化了解数据总归是个好习惯。

现在为了明确卧室、楼层或浴室/卧室的数量与价格之间的比较关系，作者更倾向于绘制箱线图，原因在于虽然有数量数据，但它们不是连续的，如1、2……个卧室，2.5、3……个楼层（可能0.5代表顶楼），执行代码如图20-9所示，结果如图20-10所示：

```
f, axes = plt.subplots(1, 2,figsize=(15,5))
sns.boxplot(x=train_data['bedrooms'],y=train_data['price'], ax=axes[0])
sns.boxplot(x=train_data['floors'],y=train_data['price'], ax=axes[1])
axes[0].set(xlabel='Bedrooms', ylabel='Price')
axes[1].yaxis.set_label_position("right")
axes[1].yaxis.tick_right()
axes[1].set(xlabel='Floors', ylabel='Price')

f, axe = plt.subplots(1, 1,figsize=(12.18,5))
sns.boxplot(x=train_data['bathrooms'],y=train_data['price'], ax=axe)
axe.set(xlabel='Bathrooms / Bedrooms', ylabel='Price');
```

图20-9　绘制箱线图

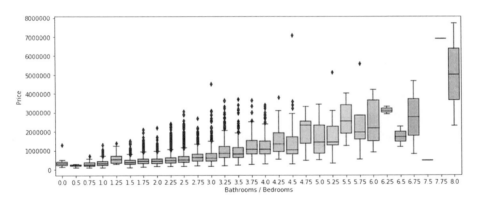

图20-10　浴室/卧室数量与价格箱线图

动手创建一个复杂模型，看一看回归损失是否会更小。为此，将使用数据集的6个特征来预测结果，然后重复前文所述步骤，代码如图20-11所示，输出结果如图20-12所示。

从图20-12的输出中可以看出，所创建的首个复杂模型将均方误差（MSE）降低到248514.011。这意味着还可以向模型中继续添加新特征，并再次绘制箱线图以便进一步检查，代码如图20-13所示，输出结果如图20-14所示。

```
features1 = ['bedrooms','bathrooms','sqft_living','sqft_lot','floors','zipcode']
complex_model_1 = linear_model.LinearRegression()
complex_model_1.fit(train_data[features1],train_data['price'])

print('Intercept: {}'.format(complex_model_1.intercept_))
print('Coefficients: {}'.format(complex_model_1.coef_))

pred1 = complex_model_1.predict(test_data[features1])
msecm1 = format(np.sqrt(metrics.mean_squared_error(y_test,pred1)),'.3f')
rtrcm1 = format(complex_model_1.score(train_data[features1],train_data['price']),'.3f')
artrcm1 = format(adjustedR2(complex_model_1.score(train_data[features1],train_data['price']),train_data.shape[0],len(features1)),
rtecm1 = format(complex_model_1.score(test_data[features1],test_data['price']),'.3f')
artecm1 = format(adjustedR2(complex_model_1.score(test_data[features1],test_data['price']),test_data.shape[0],len(features1)),'.3
r = evaluation.shape[0]
evaluation.loc[r] = ['Complex Model-1','-',msecm1,rtrcm1,artrcm1,rtecm1,artecm1]
evaluation.sort_values(by = 'R-squared (test)', ascending=False)
```

图20-11 创建Complex Model-1

```
Intercept: -57221293.13485877
Coefficients: [-5.68950279e+04  1.13310062e+04  3.18389287e+02 -2.90807628e-01
 -5.79609821e+03  5.84022824e+02]
```

	Adjusted R-squared (test)	Adjusted R-squared (training)	Details	Mean Squared Error (MSE)	Model	R-squared (test)	R-squared (training)
3	Complex Model-1	-	248514.011	0.514	0.514	0.519	0.518
0	Simple Model	-	254289.149	0.492	-	0.496	-
1	Simple Model	-	254289.149	0.492	-	0.496	-
2	Simple Model	-	254289.149	0.492	-	0.496	-

图20-12 输出结果

```
f, axes = plt.subplots(1, 2,figsize=(15,5))
sns.boxplot(x=train_data['waterfront'],y=train_data['price'], ax=axes[0])
sns.boxplot(x=train_data['view'],y=train_data['price'], ax=axes[1])
axes[0].set(xlabel='Waterfront', ylabel='Price')
axes[1].yaxis.set_label_position("right")
axes[1].yaxis.tick_right()
axes[1].set(xlabel='View', ylabel='Price')

f, axe = plt.subplots(1, 1,figsize=(12.18,5))
sns.boxplot(x=train_data['grade'],y=train_data['price'], ax=axe)
axe.set(xlabel='Grade', ylabel='Price');
```

图20-13 添加新特征

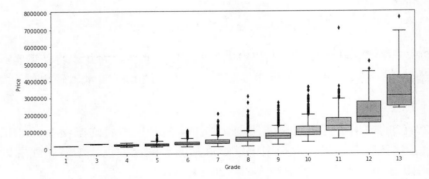

图20-14 输出结果

接着添加更多特征以创建第二个复杂模型，并重复上述步骤，如图20-15和图20-16所示。

```
features2 = ['bedrooms','bathrooms','sqft_living','sqft_lot','floors','waterfront','view',
             'grade','yr_built','zipcode']
complex_model_2 = linear_model.LinearRegression()
complex_model_2.fit(train_data[features2],train_data['price'])

print('Intercept: {}'.format(complex_model_2.intercept_))
print('Coefficients: {}'.format(complex_model_2.coef_))

pred2 = complex_model_2.predict(test_data[features2])
msecm2 = format(np.sqrt(metrics.mean_squared_error(y_test,pred2)),'.3f')
rtrcm2 = format(complex_model_2.score(train_data[features2],train_data['price']),'.3f')
artrcm2 = format(adjustedR2(complex_model_2.score(train_data[features2],train_data['price']),train_data.shape[0],len(features2)),
rtecm2 = format(complex_model_2.score(test_data[features2],test_data['price']),'.3f')
artecm2 = format(adjustedR2(complex_model_2.score(test_data[features2],test_data['price']),test_data.shape[0],len(features2)),'.3
r = evaluation.shape[0]
evaluation.loc[r] = ['Complex Model-2','-',msecm2,rtrcm2,artrcm2,rtecm2,artecm2]
evaluation.sort_values(by = 'R-squared (test)', ascending=False)
```

图20-15　创建Complex model-2

```
Intercept: 13559209.611222725
Coefficients: [-3.80981692e+04  5.03031727e+04  1.71370475e+02 -2.68019419e-01
  2.21944912e+04  5.53865017e+05  4.70338164e+04  1.23642184e+05
 -3.88306990e+03 -6.82180496e+01]
```

	Adjusted R-squared (test)	Adjusted R-squared (training)	Details	Mean Squared Error (MSE)	Model	R-squared (test)	R-squared (training)
4	Complex Model-2	-	210486.689	0.651	0.650	0.655	0.654
3	Complex Model-1	-	248514.011	0.514	0.514	0.519	0.518
0	Simple Model	-	254289.149	0.492	-	0.496	-
1	Simple Model	-	254289.149	0.492	-	0.496	-
2	Simple Model	-	254289.149	0.492	-	0.496	-

图20-16　输出结果

从图20-16的结果中可以看出，在Complex Model-2中添加更多的特征会降低回归损失，在本示例中即210486.689。请记住，线性模型的中心思想是将直线拟合到数据中。但是如果数据具有二次分布（Quadratic Distribution），那么选择二次函数并应用多项式变换可能会带来更好的结果。接下来看一看如何选择二次函数并应用多项式变换，如图20-17所示。

在图20-17的代码单元中，首先初始化多项式特征（degree=2）以生成多项式和交互特征；然后使用 `fit_transform()` 方法对这些特征进行拟合和转换，接着像之前那样使用 `fit()` 方法训练线性回归模型。

接下来重复上述步骤，但是次幂为3（degree=3）；接着计算每一次幂的回归损失和分数，然后应用评估数据帧，就像之前所做的那样。

执行完上述步骤后，将得到以下结果，如图20-18所示。

```
polyfeat = PolynomialFeatures(degree=2)
X_trainpoly = polyfeat.fit_transform(train_data[features2])
X_testpoly = polyfeat.fit_transform(test_data[features2])
poly = linear_model.LinearRegression().fit(X_trainpoly, train_data['price'])

predp = poly.predict(X_testpoly)
msepoly1 = format(np.sqrt(metrics.mean_squared_error(test_data['price'],pred)),'.3f')
rtrpoly1 = format(poly.score(X_trainpoly,train_data['price']),'.3f')
rtepoly1 = format(poly.score(X_testpoly,test_data['price']),'.3f')

polyfeat = PolynomialFeatures(degree=3)
X_trainpoly = polyfeat.fit_transform(train_data[features2])
X_testpoly = polyfeat.fit_transform(test_data[features2])
poly = linear_model.LinearRegression().fit(X_trainpoly, train_data['price'])

predp = poly.predict(X_testpoly)
msepoly2 = format(np.sqrt(metrics.mean_squared_error(test_data['price'],pred)),'.3f')
rtrpoly2 = format(poly.score(X_trainpoly,train_data['price']),'.3f')
rtepoly2 = format(poly.score(X_testpoly,test_data['price']),'.3f')

r = evaluation.shape[0]
evaluation.loc[r] = ['Polynomial Regression','degree=2',msepoly1,rtrpoly1,'-',rtepoly1,'-']
evaluation.loc[r+1] = ['Polynomial Regression','degree=3',msepoly2,rtrpoly2,'-',rtepoly2,'-']
evaluation.sort_values(by = 'R-squared (test)', ascending=False)
```

图20-17　二次多项式回归

	Adjusted R-squared (test)	Adjusted R-squared (training)	Details	Mean Squared Error (MSE)	Model	R-squared (test)	R-squared (training)
6	Polynomial Regression	degree=3	254289.149	0.749	-	0.723	-
5	Polynomial Regression	degree=2	254289.149	0.730	-	0.716	-
4	Complex Model-2	-	210486.689	0.651	0.650	0.655	0.654
3	Complex Model-1	-	248514.011	0.514	0.514	0.519	0.518
0	Simple Model	-	254289.149	0.492	-	0.496	-
1	Simple Model	-	254289.149	0.492	-	0.496	-
2	Simple Model	-	254289.149	0.492	-	0.496	-

图20-18　多项式回归效果

当看到图20-18的评估表时，由于许多模型都有相同的MSE值，因此无法分辨出哪一个模型最好。为了消除这种混淆，还必须参考R平方（测试）值。接近100%的R平方值表示相关性良好，因此，在本示例中R平方值为74.9%的三次多项式回归模型似乎是解决问题的最佳模型。

一切总是从一个简单模型开始，然后通过添加特征来增加模型复杂度，并检查不同的评估指标分数。虽然这个过程比较耗时，但却是获得一种稳定和高精度模型的方法。

请自行尝试添加一些新特征，检查评估指标，看一看是否获得了更理想的分数。